從常春藤大學領略的職場生存與發展策略

在哈佛精進

九大法則塑造菁英

張昱豐 — 著

THE RULES OF THE ELITE

持續進修 × 建立信心 × 有效溝通
真實案例演繹，行動力成就商業顛峰！

融合理論與實踐，職場生存全攻略

目錄

第三章　畢業後，才正是要開始學習的時候

第四章　值得深交的一個人：「信心」先生

第五章　失敗是獲取經驗的重要方式

第六章　語言，是商業菁英必修的一門課

第七章　友善的合作，是邁向成功的快捷方式

第八章　熱誠會化解生活和工作的難題

第九章　用堅定的行動，進入菁英的行列

前言｜PREFACE

哈佛傳達給全世界的職場商訓

哈佛——對於全世界的學子來說都是一生憧憬和嚮往的地方！它是以培養研究生和從事科學研究為主的綜合性大學，是美國最早的私立大學之一。哈佛總部位於波士頓的劍橋市，它的前身——哈佛學院始建於一六三六年。

迄今為止，哈佛大學的畢業生中共有八位曾當選為美國總統。他們是：約翰·亞當斯（美國第二任總統）、約翰·昆西·亞當斯、拉瑟福德·海斯、西奧多·羅斯福、富蘭克林·羅斯福（連任四屆）、約翰·甘迺迪、喬治·W. 布希和巴拉克·歐巴馬。哈佛大學的教授團中總共產生了三十四名諾貝爾獎得主……這些耀眼的光環使全世界的優秀人才都對它心馳神往。

現在的哈佛已經不僅僅是一個學校，而且是一個品牌，它的成功警語已為全世界商界菁英研讀和實踐。它對商業競爭提出了若干意見和精闢的論述，其中的精華在於從若干個方面闡述了行走商界必須要具備的條件，包括目標、行動、熱誠、信心等諸多方面。它給了全世界沒有直接在哈佛校園內接受教育的人一次上哈佛大學的機會，為自己在以後的事業、職業和商業打拚中指點迷津。

哈佛傳達給全世界的商訓告訴我們在職場、事業或者商海中應該這樣：

要有目標，才知道自己是為了什麼在奮鬥。

要有正確的思考，才有客觀準確的判斷力。

要有積極的行動，才能武裝自己，表達自己的善意。

要有一定的警覺性，才能時刻防禦外來的侵擾。

要有接受挑戰的勇氣，這樣才能不斷地更上一層樓。

要有合作的精神，這種以友善為基礎的合作，可以幫你解決那些棘手的問題。

要有接受批評的勇氣和決心，又要有巧妙批評別人的技巧，這樣才能在辯證中了解和完善未知的一切。

要有善意的行動，善行才能增加你的分量。

要有不斷學習的動力，學習是開發內在的力量，在不斷吸納的基礎上運用它。

要有裝飾語言的技巧，做到言之有物，才能正確表達你的思想。

要有和諧的思想，始終保持人際間的和諧，將持久的成功建立在和諧的人際關係之上。

要有快樂的心臟，很多人累積金錢，智者則累積快樂，與人分享仍用之不竭。

要有健康的習慣，生病之前就應該看醫生，堅持未雨綢繆。

要用心經營自己的友誼，尊重朋友，情義長存。

要克服恐懼，虛張聲勢往往顯示出極深的恐懼，恐懼貧窮的人永遠不會富有。

要有十足的信心，信心是一種態度，信心越多成功就越多。

要正確認識失敗，在失敗中覺醒，在失敗中進步，才能反敗為勝。

要保證凡事多做一點，多做一點就是在為自己多累積一點財富。

要保有十分的熱誠，只有將熱誠變成習慣，生活才會變得生動。

……

看了上述這麼多「要有」的要求，你已經躍躍欲試了吧？翻開這本書，它會一一為你解析！

第一章
人生最重要的不是你從哪裡來，而是你要到哪裡去

POINT① 思考

生命是一條單行線，人一生的時間和精力也是有限的，因此在這條單行線徘徊、迷茫、迂迴的時間越長，生命消耗得就越快，為自己最想要的奮鬥的時間、精力就越少。因此，在人生早期就要明確地知道自己想要什麼，如果連自己一生想要的是什麼都不知道，那麼還能夠奢望得到什麼呢？

1.

確定自己想要什麼，然後盡力追求

各位即將從哈佛畢業的同學們，相信，此時此刻你們的心情是興奮的，是幸福的，因為你們完成了你們人生中的一個目標 —— 從哈佛畢業。我相信這是每個同學在前幾年進入哈佛時都有的相同目標。現在，你們也應該保持跟進入哈佛時同樣的心態 —— 定下一個目標，然後盡力追求。

每個人的一生就像穿越一片玉米地。秋高氣爽的田野間，一片碩果的玉米地鋪展在每個人的面前。當然這只是表象，這裡面暗藏了無數的陷阱和機關。

人生就是要成功穿越這片玉米地。這是有很多對手共同進行的一場有趣的競賽：看誰最早穿越玉米地，到達神祕的終點，同時，誰手中的玉米又最多。也就是說，既要穿越玉米地，又要比別人更快，手裡的玉米又要最多，而且要時刻保證自己的安全 —— 概括而言就是：速度、效益和安全。每個人都可以進行一萬種以上的選擇，再高明的數學大師都無法計算出這三者之間的最佳比例 —— 或許世界上根本就不存在這樣的公式。不同的狀態，會產生不同的結果，而每一個最佳的方案，又因為客觀條件的變化而變化。穿越玉米地的過程，就是人生抉擇的過程，無數次的選擇產生了無數種結果。而人為什麼要「穿越玉米地」或者說為什麼要參與這樣一個遊戲？

對你來說，當你面臨人生的又一次角逐時，在你面對事業上的又一次選擇時，可否認真地思考過這個問題？是否認真想過這個問題到底重不重要？有多重要？

許多年前，在美國哈佛大學的校園裡，一群出類拔萃的畢業生，跟現在的你們一樣，圓滿地完成了自己的學業，即將踏入社會，開始「穿越自己的玉米地」。他們的智力、學歷、環境條件都相差無幾。在臨出校門時，學校對他們進行了一次關於人生目標的調查。結果是這樣的：

毫無目標的人占總數的百分之二十七。

有目標但很模糊的人占總數的百分之六十。

雖有清晰的目標但比較短期的人占總數的百分之十。

有清晰而長遠目標的人僅占總數的百分之三。

二十五年後，他們已然各自穿越了「自己的玉米地」。此時的學校又對二十五年前「出類拔萃」的「天之驕子」進行了追蹤調查，結果是這樣的：

在二十五年間，始終朝著自己最初的目標孜孜不倦、努力前進的畢業生，大多數都已位居社會上各行業的重要位置，他們中間的很多人已然成為業界的菁英和領袖，這樣的畢業生占總數的百分之三。

在二十五年間，有些人不斷地實現自己不斷設定的短期目標，逐漸成為有一技之長的專業人士，他們大多屬於中產階級，這樣的畢業生占總數的百分之十。

在二十五年間，平靜穩定地生活與工作，沒有特別的成績和成就，位居社會中下層的畢業生占總數的百分之六十。

在二十五年間，生活沒有目標，人生不盡如人意，只會一味地抱怨社會、指責他人的畢業生占總數的百分之二十七。

其實，這些人的差距早在二十五年前就已經埋下了伏筆。很簡單呀，就是在穿越玉米地之前，其中的一些人知道為何要穿越玉米地，而另一些人則一頭霧水。

因此，各位一定要明確或者知道自己想要的是什麼？是藍天還是綠地？是安逸還是冒險？是平平淡淡還是轟轟烈烈？只有這樣才能夠去盡力追求那些想要的，使夢想的東西變為多年以後的現實。

小草知道自己想要的是繁育成片的綠洲，樹苗知道自己想要的是成長為參天的大樹，小雞知道自己想要的就是可以果腹的穀糠，小鴨知道自己想要的就是能夠暢游的池塘，雄鷹知道自己想要的是任由翱翔的蒼穹……它們了解自己想要的是什麼，並盡力追求，也因此成就了不同的物種和生靈，那麼人又該是怎樣的呢？

人也同樣要明確自己想要的是什麼，只有明確這一點才能盡力追求自己想要的東西，成就自己的人生。

2.

目標是人生的清醒劑，計劃是人生的加速器

哈佛有句著名的成功警言：「目標不能決定一切，但目標就像羅盤一樣，如果一艘航行中的船沒有羅盤，它就不知道朝什麼方向航行，不知道什麼時候到達……」

正如興致與偏好能夠誘發才能，技能與技巧能夠培養能人，勤勉與意志能夠造就菁英一樣，明確的理想與目標能夠激勵人才。「目標是人生的清醒劑，計劃是人生的加速器」。目標賦予人類生命的意義和目的。

一個國外專門研究「成功」的機構，以一百個年輕人為研究對象進行追蹤調查。這項研究歷時數十年，直到當年意氣風發的年輕人變成六十五歲蒼顏霜鬢的老人。研究結果顯示：他們中間只有一個人很富有，另外還有五個人有經濟保障，剩下九十四人情況不太好，甚至可以說是失敗者。而這絕大多數的人遭遇了晚年拮据的境遇，並不是因為他們年輕時不努力，最主要的原因是他們年輕時沒有樹立明確的目標。

有了目標，人們才會把注意力集中在追求喜悅而不是避免痛苦上。目標讓每個人都有早上起床的動力，都有奮鬥的激情，它可以讓生活中痛苦的時光好過一些，而快樂的時光則更好過了。

明確人生目標是一件重要的事，換句話說，它就是你的人生抱負。不過「抱負」聽起來總像一種超出個人可控範圍的事情，而人生目標是隻要願意投入精力去做，就可能達到的。因此，對你而言，這一生真正想要的是什麼？什麼是你真正想去完成的事情？什麼事情如果你突然發現你不再有足夠的時間去完成的時候，會後悔不已？這些都是你的目標，把每個這樣的目標用一句話寫下來。如果其中任何目標只是達到另外一個目標的關鍵步驟，就把它從清單中去掉，因為它不是你的人生目標。明確而遠大的目標是你人生航船的羅盤，抓緊它才能不走彎路。

目標對每個人的成功都至關重要，明確的目標就像是人生航船上的羅盤。航船出海，帶上羅盤是第一要求，因此制定目標就是人生第一要素，也是開啟人生之路的第一步。沒有目標的人生就像是失去羅盤的船隻，渺渺茫茫，飄飄忽忽，不但永遠到不了彼岸，而且隨時都有觸礁而亡、葬身海底的危險。因為目標就是動力，目標就是方向，只有朝著確定的目標不斷前進，才能成就多彩、成功的人生。

希臘神話中有這樣一個故事：海妖塞壬是半人半鳥形的

怪物，專門用迷人的歌聲誘惑航海者，就是那些見多識廣的水手，聽到這歌聲也往往不能自持，跳入海中游向塞壬的海島，結果是自投羅網，成為凶殘的海妖們的果腹之物。俄狄浦斯的船要經過塞壬的海島時，他用蠟封住同伴們的耳朵，並吩咐他們把自己綁在桅杆上，叮囑道，途經塞壬海島時，無論自己如何懇求也不能鬆開綁繩。就這樣，俄狄浦斯雖然聽到了那致命的歌聲，但是因不能跳海，最終，俄狄浦斯連人帶船平安地駛過該區域。

這個故事充滿了神話色彩，或許有人覺得很是荒誕不經，令人無法信服。但它確實值得我們深思。在每個人求知成才的航道上，不是也有種種誘惑，也需要我們像俄狄浦斯那樣，抵禦可能毀滅自己前程的海妖的歌聲嗎？每個人都要有一雙慧眼，面對光怪陸離的大千世界，面對形形色色安逸享受的誘惑，要有所為有所不為，都要有較強定力，既然選定了遠方，就要義無反顧地風雨兼程！每個人都應該靜下心來，靜下心來就能聞到花香。

成功的人之所以成功是因為，他們只想自己要的，而不將一丁點兒時間和精力浪費在自己不要的東西上。因此，每個人都一定要明確自己要達到的目標和彼岸，要做好當下最要緊的事情。就像春天要播種，夏天要成長，秋天要收穫，冬天要休整一樣，這才是智者的選擇。成功的人生永遠只屬於那些有高遠的目標，有心無旁騖的精神和奮勇向前的人！

要時刻抵禦海妖塞壬的歌聲，要時刻修剪主幹旁邊的枝枝蔓蔓，這樣才能走向目標，實現目標，贏得輝煌！

有一位智者帶著三個愛徒，到風景優美的景區去釣魚。他們到達了目的地。這位智者問大徒弟：「你看到了什麼呢？」大徒弟回答：「我看到了池塘、魚兒，還有滿眼的花草樹木。」這位智者搖搖頭說：「不對。」智者又以同樣的問題問二徒弟。二徒弟回答：「我看到了老師、師兄、師弟、魚竿、魚，還有這裡的美景。」這位智者又搖搖頭說：「還是不對。」智者又以同樣的問題問三徒弟。三徒弟回答：「我只看到了池塘裡的魚。」智者高興地點點頭說：「這就對了。」

這個故事告訴我們：每個人要想成就一番事業，就必須明確自己的目標，知道哪些是自己想要的，哪些是與自己想要的東西無關的。只有確立自己的目標，才能心無旁騖、全心全力地向前奮進。

3.

不要管過去做了什麼，重要的是你將來要做什麼

時間不可逆，生命不可逆。因此，我們不能活在過去，而要活在當下和將來。無法忘記過去、無法從以往的事情中自拔的人，往往連今天也會失去；沉迷於從前的人，也不會有將來。

因此，不要被過去的輝煌、失意絆住手腳，而荒廢今天的大好時光，殊不知人生道路漫漫，更大的成就等待你去努力創造。同學們，不管今天你在哈佛是以第一名的成績畢業，還是最後一名畢業，這些都會在今天結束，所有的同學都會在今天走出哈佛，而且是透過同樣的一座大門。所以，從現在起，重要的不是你過去做了什麼，而是要放眼將來，明確你要做的是什麼。忘記昨天，是為了今天的振作。千萬記得：過去不等於未來！

「過去不等於未來」這句話，是世界五百家最大企業之一的公司總裁，在自己晚年出版的回憶錄《攀越巔峰》一書中寫下的。她四十歲榮任州長，之後棄政從商。她寫下了這句話，就是告誡世人，要用發展的眼光看事情。成功往往與

眼下的境況無關。過去的都過去了，關鍵是未來。過去也許在一定程度上決定了現在，卻不能決定將來啊，唯有從現在開始做，才能開拓全新的將來。

珍妮這個總裁出生在美國的一個小鎮上，隨著年齡的增長，她漸漸發現自己與別人的不同：自己沒有父親。人們明顯地歧視她這個私生子，小朋友們冷落她，人們甚至在背後喊她「野孩子珍妮」……她卻不知道這是為何。

珍妮一天一天長大，然而歧視並未減少，甚至連老師都像躲瘟疫一樣躲著她。於是，她變得越來越懦弱，開始封閉自我，逃避現實，不與人接觸。珍妮最害怕的事，就是跟媽媽一造成鎮上的集市。她總感覺有人跟在自己的身後說自己是個沒有父親的孽種、私生子、沒有教養的孩子……

後來，珍妮生活的鎮上來了一位牧師，善良的牧師改變了這個可憐女孩的一生。珍妮聽大人說，這個牧師非常好。她非常羨慕別的孩子一到禮拜天，便跟著自己的雙親，手牽手地走進教堂。而她只能躲在遠處，想像著教堂裡的樣子。

一天，珍妮實在忍不住，偷偷溜進了教堂，剛好聽到牧師的一段話：「過去不等於未來。過去你成功了，並不代表未來還會成功；過去失敗了，也不代表未來就要失敗。因為過去的成功或失敗，只是代表過去，未來是靠現在決定的。現在做什麼，選擇什麼，就決定了未來是什麼！失敗的人不要氣餒，成功的人也不要驕傲。成功和失敗都不是最終結果，它只是人生過程中的一個事件。因此，這個世界上不會有永遠成功的人，也不會有永遠失敗的人。」這個可憐女孩的心被深深地觸動了，她渾身流淌著一股暖流。但她還是匆匆而又不捨地離開了。

實在太想聽牧師講的話了，於是珍妮又有了數次溜進教堂又匆匆離開的經歷。因為她懦弱、膽怯、自卑，她認為自己沒有資格進教堂。終於有一次，珍妮聽得入迷，忘記了時間，直到教堂的鐘聲敲響才猛然驚醒，但已經來不及了。率先離開的人們堵住了她迅速出逃的去路。她只得低頭尾隨人群，慢慢移動。突然，一隻手搭在她的肩上，她驚惶地順著這隻手臂望上去，正是牧師。「你是誰家的孩子？」牧師溫和地問道。這句話是她十多年來，最最害怕聽到的。它彷彿是一支通紅的烙鐵，直烙在珍妮的心上。人們停止了走動，幾百雙眼睛一齊驚愕地注視著珍妮。教堂裡安靜極了，珍妮又窘又怕，眼淚奪眶而出。

這時，牧師輕輕地說：「噢，我知道你是誰家的孩子了 —— 你是上帝的孩子。」然後，他輕撫著珍妮的頭說：「這裡所有的人和你一樣，都是上帝的孩子！過去不等於未來，不論你過去怎麼不幸，這都不重要。重要的是你必須對未來充滿期望。現在就做出決定，做你想做的人。孩子，人生最重要的不是你從哪裡來，而是你要到哪裡去。只要你對未來充滿希望，你現在就會充滿力量。不論你過去怎樣，那都已經過去了。只要你調整心態、明確目標，樂觀積極地去行動，那麼成功就是你的。」話音未落，雷鳴般的掌聲爆發出來！

珍妮難以自抑，所有的委屈與欣慰都隨眼淚奪眶而出。從此，珍妮變了……後來的州長、世界五百強企業的總裁，也從這一刻真正覺醒了。

正如牧師所說，過去的一切不幸、委屈、困苦、輝煌都不重要，重要是對未來充滿期待。所以就讓我們忘記過去的煩惱、憂愁和痛苦，忘記他人對自己的傷害、背叛和羞辱，忘記自己對他人的恩惠，忘記別人對自己的誤解，抓住今天，拚命努力創造未來！

同學們，不管今天你在哈佛是以第一名的成績畢業，還是最後一名畢業，這些都會在今天結束，所有的同學都會在今天走出哈佛，而且是通過同樣的一座大門。所以，從現在起，重要的不是你過去做了什麼，而是要放眼未來，明確你要做的是什麼。

4.

▶ 如果你不知道自己要什麼，就別說你沒有機會

先講一個調查案例。

調查對象：哈佛某屆一個MBA班即將畢業的所有學生。

調查問題：每個學生的職業目標。

調查結果：

1. 百分之八十三的學生沒有任何職業目標，只盼著早日畢業去享受夏天的海灘（是啊，誰能說清楚三十年後的事啊）。
2. 百分之十四的人有具體目標，但沒有明確寫下來。
3. 百分之三的人有明確的目標而且寫了下來，並對如何實現做了規劃。

追蹤調查：十年後，以百分之八十三的那部分同學為參照，百分之十四的那部分學生的平均收入是他們的兩倍，而百分之三的人的平均收入則是他們的十倍。而那百分之八十三的人總是抱怨人生不盡如人意，生活不幸福、事業上沒有機會，在一味的指責與抱怨中，人生還是沒有任何改觀。

上面的調查要告訴我們的不是怎麼去賺錢，而是提醒人們知道自己想要什麼，確立目標並規劃、實施的重要性。這個道理也適用於生活和事業的管理。沒有目標、沒有規劃的人生更多的時候是處於無序狀態的，就像無頭蒼蠅亂撞一樣。不管在策略層面還是日常管理、生活中，目標不明確都會給人帶來諸多混亂，沒有規劃則使問題更複雜。確定自己對人生的期望目標、制定具體的實施方案，是人生管理的核心。

有些人沒有這個核心，還一味地抱怨社會不給機會，這是毫無道理的。機會是具有時間性的，它常常只敲一次門。而成功者善於抓住每次機會，充分施展才能，獲得命運的垂青，最終成功。就像白朗寧所說：「良機只有一次，一旦坐失，就再也得不到了。」目標與機會的關係十分密切，有了前者才有抓住後者的意願和可能。

機會是一種稍縱即逝的東西，而且機會的產生並非易事，因此不可能每個人什麼時候都有機會可抓，而是要在等待中為機會的到來好準備。明確的目標是做準備的第一要素。一旦機會在你面前出現，你就知道這是不是自己想要的，是否該伸手抓牢它。

傑克是一位從送水工成長起來的企業執行副總。他在一開始送水時，並不像其他的送水工那樣把水桶搬進來之後就一面抱怨薪資太少一面躲在牆角抽菸，而是給每一個工人的水壺倒滿水並在工人休息時纏著他們講解關於建築的各項工作。很快，這個勤奮好學的人引起了建築隊長的注意。兩週後，傑克當上了計時員。當上計時員的傑克依然勤勤懇懇地工作，他總是早上第一個來，晚上最後一個離開。由於他對所有的建築工作比如打地基、壘磚、刷泥漿等都非常熟悉，所以當建築隊的負責人不在時，工人們總喜歡向他請教。一次，負責人看到傑克把舊的紅色法蘭絨撕開包在日光燈上，以解決施工時沒有足夠的紅燈來照明的困難後，便決定讓這個勤懇又能幹的年輕人做自己的助理。現在，他已經成了公司的副總，但他依然特別專注於工作，從不說閒話，也從不參與到任何紛爭中去。他鼓勵大家學習和運用新知識，還常常擬計劃、畫草圖，給大家提出各種好的建議。只要時間允許，他就會滿足客戶全部的要求。

傑克之所以能夠從一個普普通通的送水工成長起來並取得傲人的成績，就是因為他有明確的目標。沒有什麼比這樣的故事更讓人心靈震顫的了，也沒有什麼比它更能洗滌我們被享樂主義和功利主義所矇蔽、汙染的心靈的了。他與別人不同，他的目標是不斷成長。最終，上帝給予的機會幫助他取得了成功。因此，每個人要想成功都必須明確自己想要的是什麼，這樣才能保證抓準、抓牢某個轉瞬即逝的機會，取得事業的成功。

人生是一條不能回頭的單行線，出發之前就要知道自己想要的是什麼，這樣才能做出正確的選擇，得到自己想要的人生。

仔細回想一下，好像每個人都是在小的時候，有著很明確的目標，知道自己最想要的是什麼。可是隨著年齡的增長、閱歷的增加，人們往往迷茫起來，很少有人能夠再脫口而出自己想要的是什麼。當一個人不知道自己想要的是什麼的時候，做很多事情都是漫無目的的，結果自然不會盡如人意，因此只有知道自己想要什麼才是生活之道。所以要捫心自問：「我想要的是什麼？」「要得到它需要什麼條件？」「我將透過什麼途徑得到我想要的？」

當你能夠明確地回答以上三個問號的時候，你要做的就是不達目的不罷休地去執行，總有一天你想要的就會實現和得到！

要得到什麼，必須先要清楚自己最想要的確實是它才能得到。就像小雞，如果不知道自己想要的是可以果腹的黍米，那麼哪怕面前散落著一地黍米，它也不會向前邁上一步去啄食。人也一樣，如果不知道自己想要的是位高權重，就不會主動設計和爭取自己的仕途之路……總之，人必須要先知道自己想要的是什麼樣的人生，最終才能得到什麼樣的人生。

因此，有必要好好問問自己：到底什麼才是自己人生中真正想要的？是美滿的婚姻？孩子的尊敬？很多的財富、漂亮的汽車、豪華的別墅還是成功的事業？

是想成為永不止步的旅人還是建設家園的園丁？是想成為萬眾矚目的明星還是普通的幼稚園教師？是想成為推動人類進步的科學家還是普通的勞動者？是想做個普通人還是力爭進入上層社會？

不管心裡有什麼樣的希望，當做這樣的夢之前，不妨先問問自己這個問題：「哪個才是我最想要的？」沒有明確的目標和理想，往往是什麼也得不到。

5.

目標可以定得高一點，但要實際

每個人都是自己人生目標的制定者，目標是為每個人的成長服務的。因此，自身的提高比達到既定目標更加重要，所以不要怕目標定得太高遠，因為目標是需要隨時調整的，有時候我們可能要退而求其次。

目標於人，有著十分神奇的力量，它能激發並指引著你前進的力量，因此目標一定要遠大，這樣才能激發人的力量，激發人不斷向更高的地方攀登！即使超出了自己的能力範圍，需要進行調整時，也不至於跌至谷底。

正所謂找把穀糠，那是雞的理想；尋個魚塘，那是鴨的理想。雄鷹在天空翱翔，即使有一天翅膀折斷，也不會像小雞那樣，為了爭把穀糠而拚盡全力，因為它的目標在高遠的天空。即使有一天需要退而求其次，也不至與小雞為伍。相反，也正因為小雞的目標太低，所以如果有一天，它沒有能力去搶食散落的穀糠，它就只能等待上帝的施捨，因為原本很低的目標已無「其次」要它退而求之。

當然人們可能會說，人不可不自量力，不能總夢想著實現超越自己能力的事情，就像下面要說的穴鳥。

老鷹一個俯衝，成功捕獲了一隻羊。穴鳥看到了，心想自己一定比老鷹強，就模仿老鷹的動作，從很高的岩石上向下俯衝，想像老鷹那樣將利爪抓在小綿羊身上。沒想到，當穴鳥飛到綿羊身上時，沒想到腳爪卻被綿羊彎曲的毛給纏繞住，拔不出來了。牧羊人發現了，就跑過去把穴鳥的腳爪尖剪掉，把穴鳥帶回去給孩子們玩。當孩子們很想知道這是什麼鳥而詢問父親時，牧羊人說：「這應該是一隻穴鳥，但它卻以為自己可以成為老鷹。」

看了這個故事，大多數人也許會告誡自己和身邊的人：人各有所長，要在了解自己的能力的基礎上去發展。看到他人名利雙收，便想依樣畫葫蘆，是得不償失的。看他人經營貿易賺錢，忘卻自己個性、專業不適合，便思自立門戶，失敗往往接踵而來。這些說法似乎都有道理，但是換個角度講，則可以看出另一番道理。

穴鳥將自己的目標定位為老鷹那樣並沒有錯，試想，假如穴鳥學習老鷹失敗卻並沒有被牧羊人抓到，也就不會有後面被嘲笑的故事。而回到鳥巢的穴鳥就會反思失敗的原因，不外乎自己沒有老鷹那樣尖利的爪子，沒有老鷹那樣大的力氣，但是自己有與老鷹同樣的魄力。經過這一番分析，穴鳥也許會退而求其次，將下一次的目標鎖定為一隻野兔。不成功就再退而求其次，將再下一次的目標鎖定為一隻田鼠……倘若，穴鳥一開始就將自己的目標鎖定為一隻毛毛蟲，那麼就沒有什麼退而求其次的目標了，人生的經歷和際遇自然也就不會相同了。

著名教育家維果斯基曾提出「最近發展區」的理論。意思是：人們是否對一件事感興趣，完全取決於事情的難易程度是否處於對這個人既有一定挑戰性又在其努力後可能完成之間。他認為：只有當人們知道自己想要的東西跳起來就能拿到時，才會調動自身的潛能去爭取。

這不正是要求人們制定的目標要超出自己的能力範圍一點，好激發自己的挑戰慾望和潛能嗎？因此，目標的確定既要基於現實，又要超越一般標準。太容易的目標，不會激發人們去挑戰的熱情。那麼，什麼是合適的目標呢？一句話：對自身具有一定挑戰性，同時又能使自己相信能夠完成的目標，即使因為種種原因實現不了，退而求其次時，也不至於去面對低於自己能力而無法激發挑戰慾望的目標。

制定合適的目標，完全是仁者見仁、智者見智的事情。我們應該基於自身的能力和現有的知識、經驗，同時也要考慮外界的各種因素，最終確立最適合自己發展的目標。現實生活中的許多人並不是沒有夢想，而是很多人的夢想都不切實際，根本沒有考慮憑自己的條件是否有可能實現，遇到挫折的時候就怨天尤人，夢想也成了幻想。因此，只有基於現實、高於現實的目標才有可能實現，才會成為你前進的動力。

基於現實，並不意味著目標就可以降低、就可以不高遠。相反，只有那些具有較高標準、對自己有一定挑戰性的目標，才是真正的目標。這時，你若想實現這些高遠的目標，就必須使出渾身解數，展現非凡的能力。而且，即使努力過了沒有成功，只是完成了原定目標的一部分，那你的表現也會比過去更加出色，對每個人來說，這也是值得肯定的成長與進步。

有一位登山運動員，在自己摯愛的事業上做到了有所為、有所不為，他捨去了一些也得到了另一些。在一次攀登聖母峰的活動中，在 6, 400 公尺的高度，他漸感體力不支，停了下來，與隊友打個招呼，就悠然下山去了。事後有人為他惋惜：為什麼不再堅持一下，再攀點高度，就可以跨過 6, 500 公尺的登山死亡線啦。他輕鬆答道：「我很清楚，6, 400 公尺是我生命中的至高點，沒有什麼好遺憾的。」

第二章
正確的態度，才能保證走的是正確的道路

POINT② 思考

每個人在事業、生活上所能取得的高度和成就，往往已經在自己工作或做事的態度上反映出來了。態度決定高度，態度改變命運，態度決定一切。正確的態度是一種力量，是保證你能夠走在正確道路上的巨大力量。

1.

▶先正確地評判自己，才有能力評斷他人

何謂評判？就是判定勝負或優劣的定論、判斷、意見以及評論性的評價或判斷。

有些人很喜歡評判別人，這些人往往不清楚為何要評斷而妄加評論。其實評判別人的目的是為了評判自己，因此，人首先要評判自己，只有正確地為自己定好位，才能有能力去評斷和指導別人。

人不能只盯著別人的缺點，說這也不對，那也不對，如果換了你，也許還不如別人。所以，在評斷別人的同時，最重要的是正確評判自己，這也是職場生存的重要原則。比阿特麗斯剛從哈佛畢業，自身的優越條件使她進入了期盼已久的著名企業。比阿特麗斯是個很活潑的女孩，頭腦靈活，身上帶著哈佛的氣質，深得上司器重，自己也對未來充滿信心。一次所在的部門開會，但到了會議室才發現，別的部門還沒有開完會，於是大家就在門外等候。比阿特麗斯卻一個人跑了進去，並且對這個部門的工作發表了一通自己的見解，告訴大家應該怎樣怎樣，這番指手畫腳的評論自然引起

了其他部門同事的反感。像這樣的事之後還發生過多次，對於任何人的工作，她都會發表一通評論，自認為別人都沒有她想得多、想得好。久而久之，她收到了解聘的通知。作為一個名校的高材生，個性又十分要強，能力自不必說，但是卻在第一份工作上跌倒了，原因就是在沒有對自己做出正確的評判時，肆意地去評斷別人。

其實，對每位員工，特別是新人來說，多動腦子，積極提出建議當然是好的，事實上，每個開明的領導者都會喜歡這樣的下屬。但是領導者需要的是在了解情況認真思考、後得出的有針對性的建議，而不是簡單膚淺的評論。

比阿特麗斯雖然是一個思維非常活躍的員工，但是她沒有正確評判自己的位置、能力和處境，到處評斷他人的工作，犯了職場的大忌。其實，如果她能夠腳踏實地，利用自己活躍的思維和對工作的了解，提出有價值的建議，擺正自己的位置，對自己的方方面面做出正確的評斷，是完全可以取得成績的。

然而，人往往都是在對自己做出正確評斷的路上徘徊不前。俗話說「畫虎畫皮難畫骨，知人知面難知心」，人心難測，知人難，知己更是難上加難。雖然一個人要正確評判自己是非常困難的事情，但一旦能夠正確評判自己，就好像多了一雙睿智的眼睛，時時給自己添一點遠見、一點清醒、一點對事業和生活更為透澈的體察與認知。

認識自己，首先就要給自己一個定位。自己到這個世界上來究竟是做什麼的，對此必須有十分清晰的描述，離開了這個描述，人就會迷茫，就會失去前進的方向，就會在一個個十字路口徘徊，這樣的人生是沒有意義的。

認識自己的目的就是更清楚自己的能力如何，從而找到與自己的能力相對應的目標，憑著自己能力上的訊號找到這一目標後，才能攻其一點，攻出成果，由此及彼，不斷擴張你的夢想版圖。

認清自己、正確評判和評估自己是人類最高智慧之一。一個不斷經由認識自己、評判自己而改造自己的人，智慧才有可能漸趨圓熟，從而邁向充滿機遇之路。然而有許多人無法取得事業的成功，主要是因為不能正確評估、評判自己，反而經常對別人進行評斷。殊不知，評斷他人必須要在正確評判自己的基礎上，否則就會犯錯。

洛克斐勒先生這一點就做得非常好，他有一個突出的優點，這個優點幫助他從一個默默無聞的小人物，成長為如今家喻戶曉的大人物。這個優點就是：他堅持以事實作為他的商業哲學的基礎，並且他只習慣於與他終生事業有確切關係的事實打交道。有些人說，洛克斐勒先生對待他的競爭者有時並不公平。這種說法可能是真的，也可能不是。但是，從來沒有任何人指責洛克斐勒先生對他對手的實力「輕易判斷」或「猜想過低」。他不僅能一眼看出與他事業有切身關係的事實，而且，每次他都主動尋找這些事實，直到找到為止。

洛克斐勒的這一優點或許並不外露，卻很實用。與那些總是鋒芒畢露，輕易對別人做出評斷的人相比，這就是他的過人之處吧。

無論是評判別人還是評斷自己，實際上都是認識的理性化過程。因此要盡量全面地認識自己和別人，克服片面性，特別是評價別人的標準應盡量客觀準確，不能把別人說得一無是處，也不能把別人的缺點當長處學。要保證自己在評判的時候不出錯，最重要的就是給自己一個正確的定位和出發點，從這個角度去評判別人，才能保證達到客觀公正的效果。

一天，耶穌看到一群人要用石頭把一個婦人砸死，於是他站到婦人的前面說：「你們誰自己沒有罪就扔石頭吧！」人群無言，漸漸散去。人群散去的原因在於：每個人都只是人而已，無權評判別人。人們所評判的，實際上是不接受的自己。世上沒有完人，因此不要只盯住自己或別人的缺點，要正確地做出評判。

2.

反思是前進的伴侶，優秀是卓越的敵人

反思就像是一面鏡子，一個能與心靈對話的話筒，它可以使你看到更真實的自己，聽到令自己受益的批評或建議。

一個著名大學的外語系畢業生以優異的成績畢業了，開始了自己的求知之旅。他寄了許多英文履歷給一些外國公司，但他所收到的答覆都是不需要這種人才。其中有一家公司甚至還寫了一封信給他：「我們公司並不缺人，就算我們有需要，也不會僱傭你。雖然你自認為懂得英語，但是從你的來信中，我們發現你的文章寫得並不是很好。更為嚴重的是，連基本的語法也出現了錯誤。」

這位畢業生接到信後很不服氣，打算寫封回信為自己「討回公道」。但是當他平靜下來之後，轉念想了一想：「對方可能說得對，也許自己在語法及用語上犯了錯，卻一直不知道。」於是他寫了一張謝卡給這個公司：「謝謝你們的指正，我會更加努力完善自己的。」

信發出幾天後，意想不到的事情發生了：他收到了那家企業的聘書。

回想一下，當你在面對類似上面那種使人難堪的批評時，會不會像那個畢業生那樣能夠靜下心來，反思自己，虛心接受別人的批評？「滿招損，謙受益」，當你對別人的意見不以為然、自以為是時，你最好靜下心來，反省自身。這樣，就會變得虛心，變得更加成熟。

反思其實是一種學習能力，只有認識到自己所犯的錯誤，才能改正所犯的錯誤，才能不斷地學到新東西。平心靜氣地正視自己，客觀地反省自己，是一個人修性養德必備的基本功之一，也是增強人之生存實力的一條重要途徑。

一家公司應徵工作人員，前來應徵的人很多。公司為其安排了三次考試。

第一次考試結束，埃瑪以九十八分的好成績排在第一名，艾麗達則以九十四分的成績位居第二。

第二次考試開始，令所有人不解的是：試題竟然與第一次考的一模一樣。在監考人員反覆強除錯卷沒有錯以後，埃瑪便不加考慮，根據第一試的答案，還不到一半的時間就自信地交了卷。多數應徵者交卷的時間也都大大提前。考試結果，埃瑪仍以九十八分的成績位列第一，而艾麗達則以九十七分的成績排在第二。

第三次考試開始了。令人不解的是，還是上兩次考試的試卷。監考人員大聲宣布：「這次試題與前兩次一樣，都是公司的安排。誰認為這樣考試不合理，可以放下考卷，退出考場。」應徵者不得不安下心答卷。絕大部分考生都按前兩次的答案，很快答完了卷。不到半個小時，考場已經空空如也了。唯有艾麗達皺著眉頭、冥思苦想，直到最後一刻，她才交上自己的答卷。

第三次的成績揭曉了，埃瑪、艾麗達都是九十八分，並列於第一名的位置。隨後的錄用結果也公布出來，只有艾麗達被聘用了。

埃瑪苦思不解，她決定找到公司負責人問個究竟。在總經理辦公室，埃瑪理直氣壯地質問總經理：「我三次都考了九十八分，為什麼不被錄用，反而錄用了前兩次成績都比我低的人？這種考試公平嗎？」總經理心平氣和地說：「小姐，我們的確欣賞你的考分。但公司並沒有說，誰總分最高就錄用誰。總分的高低，只是錄用的一個標準，並不是唯一的依據。不錯，你每一次都答了最高分，可你每次的答案都一模一樣。如果我們公司也像你答題一樣，總是用一個思維模式，一成不變地經營，公司能擺脫被淘汰的命運嗎？我們需要的職員，不僅要有才華，更應該懂得反思。善於從反思中發現錯誤、漏洞的人才能有進步。職員有進步，公司才能有發展。公司用同樣的試卷進行三次考試，不僅僅是考你們的知識，更是在考你們的反思能力。而你在整個考驗的過程中，都沒有表現出具有反思的才能，我們也只能感到遺憾了。」

職場中的每個人，每天做的工作都看似是簡單的重複。但事實上，身邊的商業環境、社會環境都是在不斷變化的，如果這時自己的工作還是僵死不變，那是注定要失敗的。那麼就要透過反思、對比、總結才能做出合乎邏輯、順應實際的變化，只有這樣工作才能越做越好。這就是反思的力量，它會助你前進。過於優秀的人往往沒有反思的機會，因此也就難以實現更多的超越。所以說「反思是前進的伴侶，優秀是卓越的敵人」是很有道理的。

一隻狐狸為了抄近路，決定翻越眼前的籬笆到大路上走。就在狐狸跨越籬笆的時候，腳下一滑，幸而抓住一株薔薇，它才不致摔倒，可是腳卻被薔薇的刺扎傷了，流了許多血。受傷的狐狸就埋怨薔薇說：「你太不應該了，我是向你求救，你怎麼反而傷害我呢？」薔薇回答道：「狐狸啊！你錯了，我的本性就帶刺。我從來不會去刺任何人，都是人們不小心、不注意才會被刺到的呀！」

上面這隻狐狸，在遭遇挫折時不僅不反思整個過程，反而遷怒於人，這又有什麼用呢？

3.

三思而後行的人，很少會做錯事情

三，表示多次。三思而後行，指經過反覆考慮然後再去行動。很多人做事只憑一時衝動，而不是深思熟慮，不能做到前前後後、左左右右全部想周全，因此也就經常做錯事了。

「三思而後行，謀定而後動」是克服衝動的最佳良藥。三思而後行，思考些什麼東西呢？思考的是問題的根源和起因。問題發生後，就需要知道發生問題的根源是什麼，導致問題的誘因是什麼。只有當這些問題的真正根源都找到後，才能考慮解決的方法。

之所以要三思，是因為問題的發生是很多原因造成的，其背景是複雜的，單憑直覺很難得出正確結論，往往需要一段時間的分析歸納或者調查研究，才能理出頭緒。而且也有被人製造假象、提供虛假線索的可能，一不小心就有誤入歧途的危險。所以，思維必須要精細縝密。思考一遍還不夠，還需要檢查一遍，然後在行動之前還要複查一遍，才能確保行動萬無一失。

獅子和野驢進行了一次合作，因為野驢不善於三思而後行，盲目行動，導致自己犯了大錯。它們合作的前提是：獅子的力量大，而野驢跑得很快。獅子提議二人一起狩獵，並聲稱這是優勢互補、互利共贏的無敵組合，野驢想了一下，覺得有道理，便與獅子合作一起狩獵。有了收穫後，獅子把獵物三等分，說：「因為我是萬獸之王，所以要第一份；我幫你狩獵，所以我要第二份；如果你還不快逃走，第三份就會成為使你喪命的原因了。」此時，野驢大驚，但是已經後悔莫及。

在這個故事中，野驢在接到與獅子合作的建議時，也做了考慮，但是考慮並不周全，只做到了「一思」而非「三思」。它的思考僅局限於獅子已經設計好的對白，當然那些也都是切實存在的、有道理的。但是很顯然，野驢沒有從自身出發，進行正反兩方面的對比，沒有想到雙方實力懸殊，一旦合作破裂，自己就只能任由獅子擺布。聯想到商業合作、公司經營也是如此，若因為想提升自己公司的競爭力而和與自己財力懸殊的公司合作，且不將各個階段、各種可能出現的情況以及應對這些情況的措施全部考慮清楚，最後的結果通常是得不償失的。

三思而後行是一種職業能力，它要求人在面對問題時沉著冷靜，不急於立即採取行動，而是靜下心來仔細思考。心急的人往往會不耐煩地催促趕快採取行動，因為他們總是擔心時間緊急，再不採取行動就來不及了。其實，越忙就越容易出差錯。如果事先沒有考慮好，路沒走對，反而會耽誤時間。這印證了那句「磨刀不誤砍柴工」的古話。其實先把刀磨快了，看起來耽誤了起跑的時間，但是在執行的時候既省時間又省力氣，效率自然就高。也像外出旅遊，事先安排好行程，順著標誌一路開去，就可以不繞彎路，節省時間。如果慌忙上路，看起來節省了策劃的時間，但是一旦走錯了路，可能就會浪費比看地圖長很多倍的時間。而且事先策劃好，就可以應對各種突發事件，保障出行的順利進行。

作為一個企業的經營者也是一樣，在制定一個經營決策的時候，一定要綜合考慮各方面的因素，而不能被一時的利益矇蔽了眼睛。在複雜的社會裡，針對複雜的問題，「三思而後行」能夠有備無患地做出正確的決定並付諸行動，因此在做出決策之前確實有必要反覆思考。輕率、衝動的做法，往往導致意想不到的錯誤，常常會吃大虧。

相對於其他條件，「三思而後行」其實是提升工作效率的關鍵，是行走職場的必須，更是商業競爭中的必然。充分的思考，可以保證少走彎路、錯路，減少在實現最終目標的過程中浪費掉的時間。

這一天是個陽光明媚的日子。一個班級的同學相約一起爬山。爬著爬著，他們看見山頂上有一座異常豪華的城堡。城堡的大門敞開著，受好奇心驅使，一行人便走進了屬於城堡的花園。這時，整座城堡警鈴聲大作，一群法國軍人衝過來將他們團團包圍，他們被要求出示身分證件並不許離開城堡。學生們紛紛表示抗議，理由是他們不知道這裡屬於軍事區域，也沒有看到城堡外面那塊「閒人禁止入內」的牌子。一個士兵說：「那塊牌子已經掛了許多年，也許以後應該換塊看上去更醒目的，但是請問你們各位有沒有錯？並不是所有上山的人都會闖進城堡來的。」於是學生們被強制在此工作一個多小時，直到事情調查清楚後才被允許回去。

4.

你是否欺騙過別人或自己？想清楚再回答

有時候上帝青睞的人就會很容易成功，這當然是凡人眼中的想法，他們無法深入地發現其中更深刻的東西和道理。海涅曾經說過：「生命不可能從謊言中開出燦爛的鮮花。」艾琳·卡瑟也說過：「誠實是力量的一種象徵，它顯示著一個人的高度自重和內心的安全感與尊嚴感。」

某司令部的野營駐訓部隊。這裡正在舉辦一場長跑比賽，長官非常重視這次比賽，他們決定從中挑選幾個人去執行一項艱鉅而光榮的任務。為此，這次長跑比賽，上級主管精心設計了一條十分具有挑戰性的新路線。

比賽進行中。士兵馬克身材瘦小，他已經多次感到體力不支，眼看著自己越來越落後了，卻又發現，似乎越往後路線越複雜，到後來他已經是寸步難行了。不過，有一個念頭始終支撐著馬克的雙腿，那就是「不論第幾名，哪怕是最後一名跑到終點，我也要完成這次比賽」。

就在馬克感到體力快透支的時候，他的面前出現了一個岔路口，旁邊豎立著兩個指示牌。更令人驚奇的是：指示牌上的箭頭分別指向兩個不同的方向，牌上赫然寫著「前方軍官跑道」「前方士兵跑道」的字樣。

憑藉自己從軍多年的經驗，馬克知道軍官跑道肯定更容易到達終點。雖然心中有一些不平，但馬克依然朝著士兵跑道的方向繼續跑去。與馬克一樣，很多士兵也看到了指示牌，可是大多數人選擇了軍官跑道。可奇怪的是，馬克感到腳下的路似乎平坦了許多，跑起來也更輕鬆。更令人驚奇的是，馬克沒跑出多遠，居然在透過一個黑暗的隧道之後就看到了前方飄揚的彩旗，還有設在終點處的主席臺。原來，他已經跑到了終點，簡直不敢相信。

當馬克跑到終點時，他看到戴維將軍親自過來與自己握手，並且祝賀他跑出了前十名的好成績。馬克感到不可思議，過去他甚至連前五十名也沒有取得過。他問戴維將軍那些選擇軍官跑道的士兵都在哪裡，將軍告訴他：「他們還在路途中，不知道天黑之前能不能到達。」原來，當初設定指示牌的目的，並不是要讓軍官和士兵分開賽跑，因為這次越野賽根本就沒有一名軍官參加。而上級這樣精心設計的目的，就是希望找到誠實的人去執行光榮而艱鉅的任務。

這次比賽的結果，馬克用自己的誠實贏得了比賽，贏得了執行重要任務的機會，更重要的是為自己在原本希望不大的事業上開拓了新路。

馬克的故事告訴我們：當你對生活表現出的態度越誠實，生活給你帶來的快樂和成功也就越多。不欺騙別人，也不欺騙自己，才是安身立命、成就事業的根本。馬克能夠獲得最後的成功，就是誠實賦予了他力量，而其他選擇了軍官道路的人，只能落得欺人者自欺的下場。

捫心自問，你欺騙過別人嗎？欺騙過自己嗎？恐怕答案為否的人並不多。對於普通人來說，誠實一次不難，難的是面對任何情況都能選擇誠實。不欺騙人不難，難的是面對自己時也能客觀分析、面對真實。作為一個在職場中打拚、奮鬥、競爭的「弱勢力」，可能很多人都會不自覺地選擇不誠實的方式進行自我保護。但是一旦「自保」成了自然，那麼欺騙、勾心鬥角也會成為自然，欺騙別人、欺騙自己也就成了自然。如果你覺得做一個不說真話的員工對自己沒什麼壞處的話，那麼做一個撒謊、貪大、爭功、推卸責任的員工也沒什麼問題嗎？每個人都希望在職場上不斷發展，在事業上不斷邁進，那就必須嚴格遵守誠實守則，對別人誠實，對自己更誠實，遠離欺騙。

培養誠實做人的良好品質，是關係到人一生的事，是關係到自己的人格、品格和習慣的事，堅持誠信做人，最終對自己不虧。

正所謂「無信不立」。就是說若想在社會上立足，就必須講求誠信、遠離欺騙。怎麼樣才能做到誠實守信呢？這也不難，就是要實實在在做事、勇於承擔責任，久而久之，就能夠得到他人的信任，自己的道路也會越走越順。

有一家世界五百強的企業正在應徵員工，條件自然很苛刻，應徵者也都是具有高學歷者。當第一位應徵者走進房間時，主考官立即露出興奮之色，像他鄉遇故知一樣熱情地說：「你不是哈佛大學某某專業的研究生嗎？我比你高一屆，你不記得我了？」這位青年心裡一震：「他認錯人了。」此時，承認自己有哈佛的學歷對應徵絕對有好處。但這個青年卻秉承一向的誠實做事風格，冷靜而客氣地說：「先生，您可能認錯人了。我不是哈佛大學畢業的，雖然我很嚮往那裡。」

年輕人有些小小的失望，覺得自己不會被錄用了。然而沒想到，主考官和顏悅色地說：「你很誠實，剛才就是我們考試的第一關。現在我們進行第二關的業務水準測試……」最終，這位青年被錄取了。如果一開始，這個年輕人沒有把持住自己，謊稱自己是哈佛畢業的，那麼後果可想而知。

5.

▶沒有問題時，往往是存在最大問題的時候

哈佛大學畢業生斯丁在一家著名刊物上發表了一篇文章，講述了自己在畢業後的第一份工作中的經歷。斯丁在學校裡成績很好，畢業後到一家大型企業應徵。人事部對他的數據和麵試表現十分滿意，很快，他就被正式錄入財務部工作。由於部門裡只有他一個名牌大學生，大家對他很尊敬。這本來是正常的事，他卻因此不知不覺產生驕傲情緒，任何時候都是一副「我很能幹」「沒有問題」的派頭。開始時財務經理好心地提醒過他，他卻總是一笑而過，並不當真。

一次，財務經理讓斯丁依照憑證錄入原材料明細帳。這本來是件極為簡單的工作，一千多張憑證他兩天就抄完了。但他覺得自己是大材小用了，言語之間頗有微詞。不久開始核對總帳時，他驚奇地發現自己竟無論如何都對不上帳。即使在這個時候，他也沒有細緻地檢查自己的工作，而是開始懷疑總帳有誤。

於是，他再一次自信地找到財務經理，用極其肯定的語氣告訴他自己沒有錯，應該是總帳錯了。財務經理則要他再

仔細檢查一遍自己的帳目，卻被他拒絕了。看到這種情形，財務經理就親自來複核，很快就發現了他做帳時出現的一個致命錯誤。儘管斯丁感到很羞愧，但最終還是被辭退了。

走時，財務經理與他談了一次心：「小夥子，你很聰明，但不能聰明過了頭。你很傲氣，這可以理解。但工作需要的不是傲氣，而是腳踏實地。別小看一個數字的錯誤，公司可能因此遭受巨大的損失，這個責任由誰來負？我的年齡足可以做你的父親，本來我可以原諒你，但是我想如果不讓你遭受一點挫折，你就很難吸取教訓。希望你從此不要盲目地說『沒有問題』，凡事多想想自己有什麼做得不好或不夠！」

這個故事給了我們很深的啟示。尤其是在這個越來越講究職業操守的時代，以這種「沒有問題」的態度來敷衍工作的人，只會越來越不受到歡迎。而事實上，許多無法挽回的失敗，正是由於某些人「沒有問題」造成的。哈佛有句名言：「沒有問題的時候，往往是存在最大問題的時候。」當你在工作中自以為沒有任何問題的時候，往往你正走在通向犯錯誤的路上。

英國有一家規模不大的公司，業務很穩定，也極少開除員工。有一天，資深車工卡特在切割臺上工作了一會兒，就把切割刀前的防護擋板卸下放在一旁。沒有防護擋板，雖然埋下了安全隱患，但收取加工零件會更方便、快捷一些，這樣卡特就可以趕在中午休息之前完成三分之二的零件了。

不巧的是，卡特的舉動被主管懷特逮了個正著。懷特大怒，令他立即裝上防護板，並聲稱要作廢卡特一整天的工作成果。

次日一上班，卡特就被通知去見老闆。老闆說：「你是老員工，應該比任何人都明白安全對於公司多重要。你今天少完成了零件，少實現了利潤，公司可以在別的時間把它們補起來，可你一旦發生事故、失去健康乃至生命，那是公司永遠都補償不起的……」

離開公司時，卡特流淚了。他在這裡工作的幾年間，有過風光，也有過不盡人意的地方，但公司從來沒對他說不行，可這一次，碰到的是觸及公司靈魂的東西，這樣的失誤自然要付出代價。

雖然一直表現出色的卡特被開除了，但是懷特和老闆的做法避免了出現傷亡事故，對卡特和公司來說，都是一種極好的保護。

這個故事告訴我們：一方面，在工作中，及時發現問題，可以避免出現重大的操作失誤，這是每個從業者必須喚起的意識；另一方面，如果你看到同事潛在的問題，一定要及時告知和指導他，不僅能夠避免出現大的失誤，還能展現出你強烈的責任感。

要想成為成熟的從業者，成為成功的從業者，你要時刻喚起自己的問題意識，不要在工作中的任何時刻掉以輕心，畢竟，問題就像潛伏著的火山，隨時都有可能爆發。如果能發現工作中的問題，並及時做出處理，或許，這對你是一個很好的機會，你會因此受益匪淺。

回想上學的時候，老師提問，有多少學生把頭埋得很低，生怕被老師提問到；工作時出現問題，上司大發雷霆，又有多少員工膽顫心驚，唯恐被老闆點名批評。

人，天生有種避重就輕的傾向，習慣於在輕鬆的環境下生存，討厭面對困難；人，天生有一種害怕責任、害怕承認錯誤的膽怯，總想能一帆風順。在我看來，逃避問題的人，是懦弱的人。這種懦弱讓我們在遇到問題時，習慣於把問題留給別人去解決，把錯誤留給別人去改正，把矛盾留給別人去處理，把困難留給別人去面對。而我們卻在一旁慶幸自己可以溜之大吉，可以隔岸觀火，好像獲得了巨大的解脫。這是多麼缺乏責任心的表現啊！

6.

將知識加以運用，才能產生力量

「知識就是力量。」培根的這句至理名言已舉世聞名。但是隨著社會的發展，知識已經漸漸成為基礎性的事物，能夠運用知識使之產生力量才是我們最終的目標。

現在的人們強調更多的是能力，當然能力最穩固的基礎還是對知識的掌握。知識掌握得越牢固越豐富，就越容易激發人的能力。當然這也不是絕對的，擁有了知識之後，還要掌握將知識加以運用的方法，才能產生力量，而這一過程就是能力的展現。

現代化管理學主張對人進行功能分析：「能」，是指一個人能力的強弱，是其長處短處的綜合；「功」，是指這些能力是否可轉化為工作成果。

結果表明：寧可使用有缺點的能人，也不用沒有缺點的平庸「完人」。可見，只有能夠將知識轉化為工作成果的人，才是企業真正需要的人才。

這樣的人才必須學會學以致用。學習的目的、掌握知識的目的就是為了應用，是為了解決實際問題。如果讀了許多書，學了許多知識，但只是把它奉為教條，或者束之高閣，只是用來裝潢門面，藉以嚇人，那都是毫無意義的。學以致用，就是要有的放矢，就是以各種理論知識為「矢」來射社會實踐之「的」，做到理論聯繫實際，唯有如此，知識才能被轉化為推進社會進步的力量。

多讀書，讀好書。在學校所學的東西不是用來應付考試的。要把所學的知識真正消化、吸收，應用到工作實踐中去，才能印證「知識就是力量」的道理。

學以致用需要多思考，多實踐。只有多思考，才能發現所學東西的真正價值，知道怎樣用才能最有效。多實踐，就要多動手，多行動，總結出更好的方法，這樣就能造成事半功倍的效果，從而更快地提高自己，獲得最終的成功。

很多人總以為那些成功的人之所以取得成功主要在於幸運，在於機遇。但機遇是偏愛有頭腦有準備的人的，羅伯特的成功就驗證了這一點。曾有一個商人問羅伯特：「您是靠什麼成功的呢？」羅伯特非常肯定地回答說：「靠學習、不斷地學習，並把所學的東西充分地應用到實踐中。」羅伯特小的時候非常喜歡讀書，他什麼書都喜歡讀。後來他來到紐約，做推銷工作，也沒有忘掉學習，他一面賺錢養家，一面博覽群書。除了小說，文、史、哲、經濟、科技方面的書他都愛讀，因為他要了解前沿思想理論和科學技術。最終他成為一顆耀眼的商界明珠。

成功後的羅伯特曾經深有體會地說：「曾經在興趣的支撐下努力地吸取知識的養分，心裡十分驕傲，因為當別人的時間都用去消磨的時候，自己正在大踏步地前進，學問也日漸增長。可以說能有後來的事業成功，是因為能夠把所學的知識都很好地應用到工作中了。」實踐證明，不斷地累積知識並將其用在日後的工作中，是每個人成功的祕訣。

正由於羅伯特刻苦勤奮、永不停步地學習，並學以致用，才使他如此成功。

可見，學以致用、將知識進行轉化運用是一種走向成功的能力，是一種使自己更輕鬆地前進的智慧。而不善於把知識變成能力的人，就會像無頭的蒼蠅四處亂撞，就會華而不實，很難獲得真正的提高。這樣的人，終其一生難成大事。

身在職場，不斷累積知識固然重要，但是將所學到的知識消化後為自己所用則更為重要。使自己掌握的知識轉化為能力，在不斷的創新中把所學知識用到實踐中去，這才能最終實現學習的目的。

一個送外賣的男孩把披薩送到了路易斯家裡。

路易斯問：「一般給多少小費？」

「我第一次給您送外賣。以前為您服務過的人都說，對於您這樣的客人來說，如果我能得到 25 美分，那簡直就是虎口裡拔牙了！」

「為了證明他們的愚蠢，給你 5 美元！」路易斯隨即從口袋裡拿出 5 美元遞給小男孩。

「謝謝！我會把這些錢捐給學校基金的。」

「你是學什麼專業的？」路易斯問。

「應用心理學。」男孩回答道。

第三章

畢業後，才正是要開始學習的時候

POINT③ 思考

俗話說：「活到老，學到老。」這句話表明學習是人一輩子的事情，永遠都不會過時。正所謂「學而不思則罔，思而不學則殆」。這裡的「學」，就是接受知識，這裡的「思」，就是深入思考，並且根據自己已有的知識、經驗對其進行發揮，有所創新。這句話說起來很簡單，解釋起來也不難，但要將其付諸實踐並不斷堅持，卻有很大的難度。這也是我們在學習、實踐中必須貫徹執行的。

1.

▶投資未來的人，是忠於現實的人

說到投資，人們就會覺得就是資本形成，就是在一定時期內社會實際資本的增加。隨之一起浮現在腦海的還有廠房、裝置和存貨。其實投資有很多方面，對未來的投資即對自己的投資、對知識的投資，在當今社會已顯得越來越重要了。

靜止是相對的，運動是絕對的，地球每天都在轉動，社會每天都在發展變化，人也是每天都在遵循著漸漸老去的規律。

在這個資訊社會，知識爆炸，資訊量呈幾何級增長，科技發明令人眼花撩亂，生產和工作方式日新月異。每個人的知識都需要隨時更新，今天的知識肯定跟不上明天的發展速度，因此不斷學習才是保障自己不落後的唯一途徑。這就需要每個人在忠於現實的基礎上投資未來，在未來的投資中，知識投資顯然是最為重要的。因為知識存在自己的腦子裡，它只屬於一個人。

很多人畢業於名校名專業，學歷也夠高，但是多年後，他們往往變得很是窘迫，就像我所知道的那個經理，原因如下：首先，他的知識已經嚴重老化了，他的工作和環境都決定了他已經無法觸控到當今世界的脈搏。早年學的那點東西可能早就過時了，不懂電腦，不懂英語，不懂網路，按照現在的標準，差不多是文盲了，所以徒有一張十多年前的名牌高校文憑有什麼實際用處？

正如一句名言：如果你一直在做你過去所做的，你會一直得到你過去所得到的。因此人要懂得投資未來，在這其中，對自己的教育投資才是最保險的投資。

很多人也許會想到對股票、固定資產或其他形式的財產等進行投資。而實際上，最有益的投資是自我投資，即對那些能夠增加精神力量和效益的學習和訓練進行投資。凡是有智慧的人都知道，這種投資在五年以後會讓自己變得多麼強大，這並不是取決於他們在未來五年做些什麼，而是取決於他們今年做了些什麼、投資了什麼。要得到利潤，要想在將來得到高於「正常」人收入的額外收入，你必須對自己進行投資。成功人士從不吝惜對自我的投資，即為接受教育投資和為開動自己的思想機器進行投資，因為他們懂得這會在將來給自己帶來可觀的利潤。

確實，教育是一個人對自己進行的最重要的投資。一個文憑或學位也許能夠幫助你在畢業時找到一份滿意的工作，但它不能保證你在工作上的進步。商業最注重的是能力，而不是文憑。對某些人來說，知識意味著一個人的腦子裡儲藏有多少資訊，能轉化成哪些能力。

真正的知識投資，值得投資的是那些能開發和培養你的思維能力的東西。一個人接受教育程度的高低，就是要看他的思維能力得到了多大的開發，而能改善思維能力的方法就是接受教育、接納知識。因此，對未來最好的投資就是進一步開發自己的大腦思維，不斷地儲存知識、轉化知識，而並非為了一紙文憑而去學習，這才是忠於現在、對將來進行的最保險的投資。

一位經理與一位備受尊敬的財務顧問約好要去拜訪他。經理走進了顧問精心裝飾的接待室。令人驚訝的是，經理並沒有見到接待人士，而是見到兩扇門，一扇門上面寫著「被僱用人士」，另一扇寫著「自僱人士」。他走進「被僱用人士」的門，在裡面又見到兩扇門，一扇標著「收入超過四萬美元的人」，另一扇為「收入少於四萬美元的人」。這位經理的收入少於四萬美元，所以他就走進了後者，卻又見到了另外兩扇門，左邊一扇上寫著「每年存兩千美元以上的人」，右邊則是「每年存兩千美元以下的人」。經理在銀行裡只存了一千美元，所以他走進了右邊的門，卻驚訝地發現他又回到了公園大道。這位中年經理一時摸不到頭腦，隨即又搖頭嘆息起來。

這是一個痛苦卻顯而易見的事實：故事中的經理永遠都擺脫不了窘境，除非他選擇開啟另一扇門。故事的含義在於，其實大多數人都如經理那樣 —— 他們會選擇開啟把他們帶回起點的門。人們得到不同結果的唯一途徑是開啟不同的門，對嗎？

2.

你從工作中學到的，比眼前的報酬更可貴

在職場中，有一個不變的真理，也是職場人必須遵循的原則，那就是：在工作中學習，在學習中工作，這是實現自己不斷發展的重要途徑。這一過程也是學會創造自己工作價值的過程，而價值等於目標加努力。

有些人步入職場後眼睛盯住的只有報酬，關心的是什麼時候報酬才能漲，其實這樣做的結果是因小失大。因為初入職場的你，事業才剛剛開始，此時重要的是累積經驗、學習進步。很多時候薪酬是與能力相通的，透過不斷地學習、累積和發展，到了一定程度之後，報酬也自然會達到更高的程度。通俗地說，就是自己會更值錢。如果初入職場就只看重報酬而不是學習，那自己的薪酬自會越看越低，因為你已沒有前進的潛力，所以只會變得越來越矮。

職場新人進入企業，過渡過程越短，與企業融合得越快，發展得就越快。這個過渡過程時間的縮短，要靠新人們自己的努力，別人只能幫你，而不能替代你，所以主動學習才是關鍵，要實現在工作中學習，在學習中工作：

1.要在工作中學習並深入了解公司的行業、企業、部門狀況。	有人認為這是入職前的工作，但是入職前，作為一個門外漢很難切身體會一些深入的東西，也就難有深刻的理性認識，只能停留在一般人的感性認識上。因此，入職後，還是要深入了解行業情況如何？自己還需要補充哪些技能？熟悉公司內部的組織結構，熟悉工作環境，積累職場經驗，加緊學習專業技能，提高自己的核心競爭力……這些都需要花大力氣、下大工夫去學習。
2.通過學習，在工作中找到打響第一槍的突破口，「良好的開端是成功的一半」。	這就要在工作中學會適應艱苦、緊張而又有節奏的工作生活，適應制度，適應做事風格。同時明晰自己的職業定位，不斷積累經驗、提升能力，為今後的職業發展打下一個良好基礎，形成一條有延續性的職業發展道路.
3.向自己的上司或老職員學習和提高解決問題的能力。	初入職場不能好高騖遠、自命不凡，對有些事情不屑去做，總認為自己應該去做更大、更重要的事情，而且期待高薪高職。這些當然都沒有錯，但核心的問題是：必須要站好眼前的崗位，做好負責的每項工作，讓你的老板發現你有做經理的潛質，有培養的價值，並讓老板因為你的出色業績而不斷做出提升職位的決策，最後你會成為公司獨當一面的挑大梁的人才。
4.先做適者，後做能者，因為適者生存能者成功。	職場如戰場，這場沒有硝煙的戰爭不會有永遠的贏家和輸家。對新人來說，沒有工作經驗，缺乏實踐，這是可以理解的，但是態度要端正，學習要努力，不能眼高手低，要從自我做起，腳踏實地，紮住根才會枝繁葉茂。

5.正確認知和估量自己，腳踏實地、從小事做起，從基層做起。	既然是新人就是要學習然後才能做事，因此要從輔助性工作做起。學習要認真，態度要恭敬，行動要勤勉，盡快融入同事圈中，這樣更利於自己的學習。
6.學會妥協，是職場制勝法寶。	做好自己不願做的事，學會妥協，向職場妥協，向現實妥協。無論什麼樣的工作都表現出積極主動的態度和行動。認真克服自己的抵觸心理，學習自己不喜歡領域的知識。
7.正確認識自己，擺正自己的位置。	擺正自己的位置，就會明確自己的不足，使自己的學習更有方向性和針對性，自我提升的速度也就更快。
8.在工作中學習如何不斷提高自己的情商指數。	情商，涵蓋了自我情緒的控制調整能力、對人的E親和力、社會適應能力、人際關係的處理能力、對挫折的承受能力、自我了解程度以及對他人的理解與寬容等。這些都是職場成功者所必需的能力。
9.在工作中學習和感悟辦公室政治，妥善處理人際關系。	與周圍同事處理好關系，同事們可以幫助你，指點你，向你傳授經驗，會有利於自己的學習和進步。處理好人際關係就要學會謙虛、熱情、誠懇待人，以交朋友的方式處理與周圍同事的關系。這樣才不會樹敵太多，阻礙自己的發展。

總之，做到老，學到老。當今社會競爭在加劇，學習不但是一種心態，更應該是我們的一種工作和生活方式。不學

習的人就不會提高，不會進步，也就毫無競爭力可言，那麼日後自己的高薪夢想也就自然難以實現了。

小貓越來越大了，貓媽媽正在思考什麼時候讓小貓自己出去獨立生活和覓食的問題。有一天，貓媽媽把小貓叫來，說：「你已經長大了，三天之後就不能再喝媽媽的奶了，要自己去找東西吃。」小貓惶惑地問媽媽：「媽媽，那我該吃什麼東西呢？」貓媽媽說：「你要吃什麼食物，媽媽一時也說不清楚，就用我們祖先留下的方法吧！這幾天夜裡，你躲在人們的屋頂上、樑柱間、陶罐邊，仔細地傾聽人們的談話，他們自然會教你的。」

第一天晚上，小貓躲在樑柱間，聽到一個大人對孩子說：「小寶，把魚和牛奶放在冰箱裡，小貓最愛吃魚和牛奶了。」第二天晚上，小貓躲在陶罐邊，聽見一個女人對男人說：「老公，幫我一個忙，把香腸和臘肉掛在樑上，小雞關好，別讓小貓偷吃了。」第三天晚上，小貓躲在屋頂上，從窗戶看到一個婦人叨唸自己的孩子：「乳酪、肉鬆、魚乾沒吃完，也不知道收好。小貓的鼻子很靈，明天你就沒得吃了。」就這樣，小貓每天都很開心，它高興地對媽媽說：「媽媽，您可真有智慧，我每天堅持傾聽，果然每天都能得到有利於我的答案。」

3.

你從工作中學到的越多，你就會賺得越多

人的一生都在成長，也必須成長才能使人生得以精彩和有意義。成長需要熱情，沒有熱情，成長和發展的機會從何而來？熱情表現在哪裡？成長和發展如何展現？就是要對你的工作傾注熱情。

職場成長的第一要素就是學習。從工作中學到的東西越多，那麼為成長累積的財富就越多。因此職場成長的祕訣就是勤奮，正所謂「勤能補拙」「勤奮可以創造一切」，有人認為現在時代已經變了，勤奮已不再是職場中乃至商戰中成功的法寶了，另闢蹊徑也許來得更快些。實則不然，因為成長的前提是學到東西，只有勤奮能幫你獲取得更多。

初涉職場的年輕人都有這樣的感覺，自己做事都是為了老闆，為老闆賺錢。其實，這是情理之中的事。如果老闆不賺錢，你怎麼可能在這家公司待下去呢？

但也有些人認為，反正是為人家做事，能混就混，公司虧了也不用我去承擔，甚至還扯老闆的後腿。其實，這樣做對老闆、對你自己都沒有好處。

事實證明，勤奮的人能從工作中學到比別人更多的經驗，而這些經驗便是你向上發展的踏腳石，就算你以後換了地方，從事不同的行業，豐富的經驗和好的工作方法也必會為你帶來助力，你的敬業精神也會為你的成功帶來幫助。因此，把敬業變成習慣的人，從事任何行業都容易成功。

正如英國畫家雷諾茲所說：「天才除了全身心地專注於自己的目標，進行忘我的工作以外，與常人無異。」

美國的開國元勛之一亞歷山大·漢密爾頓也說過：「有時候人們覺得我的成功是因為天賦，但據我所知，所謂的天賦不過就是努力工作而已。」

有些人天生就具有勤奮工作的精神，任何工作一接手就廢寢忘食，但有些人則需要培養和鍛鍊勤奮工作的精神。如果你自認為勤奮的精神還不夠，那就強迫自己開始勤奮工作，以認真負責的態度做任何事，讓勤奮工作的精神成為你的習慣。

工作每天都有新情況、新挑戰，每天都要面對新事物，學習與工作相伴。能夠適應工作，實現自我而不被淘汰，靠的是實力，而實力來自自身。雖說現代社會的機會很多，但要是不學習的話，必然也會逐漸落後於社會。只要天天學習，就會天天有進步、天天有機會，工作才會富有生機。

在工作中學習技能是最直接、最實用的。但是工作範圍往往龐大複雜，要學的知識太多。因此，要想學得更多，就要做更多的工作，這樣涉獵的知識面才能更廣泛。說到底，勤奮工作才是基礎。

做一個勤奮工作的員工，或許不能立即為你帶來可觀的收入，但可以肯定的是，如果你養成「不勤奮工作」的不良習慣，你的成就就相當有限。因為你的那種散漫、馬虎、不負責任的做事態度已深入你的意識與潛意識，做任何事都會有「隨便做一做」的直接反應，其結果可想而知。如果一個人到了中年還是如此，很容易就此蹉跎一生。當然也說不上由弱變強、改變一生了。

因此，短期來看，「勤奮工作」是為了老闆，長期來看還是為了你自己，為了賺取自己更美好的未來！因為勤奮工作的人才有可能由弱變強。因為，勤勉的工作態度總是容易受人尊重。就算工作績效不怎麼突出，但別人也不會去挑你的毛病，甚至還會受到你的影響。勤勉的員工往往是上司眼中的可造之材。任何老闆都喜歡勤奮工作的人，因為你的勤奮工作可以減輕老闆的工作壓力，你勤奮工作，老闆就會對你放心，自然會將你視為「骨幹」和「中堅」。

現代社會變得最快的就是「改變」，一切都存在著變數，唯有學到的本領是不變的，因此，一定要做一個學習型的現代職場人士。不斷磨練和培養自己的勤奮工作精神，因為勤奮工作會教你更多的經驗和知識，以後無論你身處什麼位置，從事什麼工作，這些知識都將為你所用。

羅傑現在對自己的工作很不滿意。

有一天，他忿忿地對朋友說：「我的上司一點兒也不把我放在眼裡，改日我要對他拍桌子，然後辭職不幹！」

「你對你的上司足夠了解嗎？對於他做公司業務的竅門你完全弄清楚了嗎？」朋友反問道。

「沒有！」羅傑說。

「你現在的情緒太過激動，我建議你還是好好地把你上司一切的業務技巧、商業文書和管理訣竅完全搞懂，甚至連一些小事也要學會，然後再辭職不幹。」朋友說。

羅傑覺得朋友的「建議」有道理——把上司當作免費學習之所，什麼東西都懂了之後再一走了之，這樣不是既出了氣又有許多收穫嗎？自此，羅傑開始了默記偷學的行動，甚至下班之後，還留在辦公室鑽研當天上司對某件事的處理方法。

一晃一年過去。一天，羅傑又和那位朋友見面了。朋友問：「你現在大概把上司的一切都學會了，可以準備拍桌子不幹了吧？」然而，那人卻紅著臉說：「可是我發現近半年來，上司對我刮目相看，最近更總是委以重任，又升職，又加薪。我現在不僅成為了上司的左膀右臂，而且還是彼此深入了解的知己！」

4.

▶知識不一定要記在心裡，能夠運用到實踐中即可

人們常說：缺什麼想什麼，吃什麼補什麼，濫吃一氣什麼也補不了，職場人士的知識學習、繼續教育、充電提高也是如此。

現在的職場人士對充電學習簡直是瞭如指掌，這已經成為繁忙工作之外的最重要的生活內容。人人都有感受，隨著社會的發展，職場競爭越來越趨於白熱化。已經在職的員工，為了飯碗端得牢靠，競相忙著充電，例如拿形形色色的資格證書，有證必考，有證必拿。很多人以這種方式不斷學習、充實己的動機是沒有錯的，但是沒有任何選擇和規劃的盲目學習就不對了，誰也不能把自己塑造成一個「萬金油」似的人才，術業有專攻，還是要在自己的專業上下工夫，做到能人所不能，這才是明智之選。因此，不一定要把所有的知識都記在心裡，能夠取得對自己專業和事業有幫助、有發展的知識即可。

縱觀商界、職場的各位菁英，他們從來都是盡可能多地了解自己領域的專業知識，以此為主，而不是以成為「大英

博物館」似的人物為目標。因為成功的基礎之一，就是自己對即將從事的領域擁有深入的知識，或者說擁有某一領域的專業知識。缺乏對所從事行業的了解往往是導致失敗的主要原因之一。

炸薯條的技巧居然能夠成為一個世界五百強企業帶頭人要學習和研究的知識，不可思議吧！但是，在購買麥當勞前，為了發現麥當勞兄弟美味的炸薯條祕密，雷·克洛克不停地尋找，就像一個偵探在搜尋線索一般。後來，他不斷地改進炸薯條的方法直到滿意為止。他的努力得到了回報，麥當勞今天如此受歡迎的原因之一就在於它美味的炸薯條。雷·克洛克之所以這樣做，是因為他未來的事業要在這項技能上取得突破，他需要這些知識。

很多成功人士從不把在學校的時間多少與學問的高低混為一談。有些人在學校唸了很多年書也沒有什麼學問；有些人唸書不多，但學問卻非同小可。因為他們的關注點是不一樣的：能獲得成功的人關注的是他們所學到的知識會為他們帶來什麼，而大多數人關注的是他的文憑會為他帶來什麼。其實質的區別就是成功人士只是取得那些對自己有用的知識即可，而不是將精力全部放在「博覽」所有知識上，因此他可以有更多的精力研究自己領域內的東西，自然更容易取得成果。

簡與蘇珊是從小一起長大的好朋友、好鄰居、好同學。但是兩人的資質相差甚遠，簡生得美麗漂亮、聰慧活潑，而蘇珊則顯得更為普通，且有些呆板。從小學到中學，簡一直是班級幹部，而且是同學心目中的偶像，因為她就像是一部百科全書，別人談論的所有話題她都要參與其中，別人知道的所有知識（但凡是自己還不知道的）她都要惡補，哪怕是男同學談論的球賽、球員、軍事、地理，她也要購買相關書籍、查閱相關數據，為的是下次討論，自己能以「專家」的身分自居。

蘇珊則不同，她總是默默地做著自己喜歡的事，除了數學，她從不指點別人，也不會主動參與自己不熟悉領域的討論。有時候同學們都覺得她什麼都不會，是個不靈光的學生。

多年以後，大家驚異地發現：原本同學們寄予厚望的簡只是在一個小小的雜誌社任職，且不被同事們所喜歡，因為沒人喜歡她「萬事通」的性格和做法，尤其是在職場，因此她的發展很一般。而蘇珊則出乎意料地成為著名大學的教授，在數學界也已小有名氣。回想以前的二人，同學無不感慨。

是呀，我們生活在快速變化的時代，今天我們發現有用的東西明天就可能過時。託普勒曾經這樣寫道：「我們現在生活在一個為我們提供了無限機會的年代。傳統對我們的影響越來越小，我們無論年齡大小，都面臨無數條新的路徑。」

為了跟得上快速變化的時代，每個人都必須保持警覺，渴望成功的人必須不斷地學習各自領域的知識，生活在好奇心和奇想之中，維持自己學習的願望。注意：是學習各自領域的知識，而不是像上述案例的蘇珊，什麼知識都想掌握，其結果就是對知識也不專、也不精，只是泛泛的了解而已。

若想在職業道路上走得遠，走得穩，走得深入，就必須將有限的精力投入到與自己事業發展相關的知識學習上去，而不是漫天撒網似的學習。

看到大家都在玩 PSP 很羨慕，好不容易存了錢買了一臺 PSP，心中當然很開心。結果第二天拿著 PSP 找朋友一起玩時，朋友卻玩著智慧手機，並說：「PSP 已經過時了，沒有人會再玩它了。」

我們生活在快速變化的時代，今天我們發現有用的東西，明天就可能過時。所以，必須時時刻刻保持學習的精神。

5.

知識必須經由行動產生利益，否則無用

從某種角度來說，知識是一種無形的東西，它在人腦中指揮著人的行動，透過它的指揮，人做出這樣那樣的動作，這些動作作用於自然界或者社會產生了利益，這時候人們看到的是知識的力量。

反過來說，當知識只存在於大腦中，不能經由行動轉化成利益時，人們是不會覺得知識對人類有益的。就像幾何學，它應用於建築中，我們看到了高聳漂亮的房子，於是覺得幾何知識的力量真是偉大；但如果它沒有經過行動以「漂亮房子」的外在形式表現出來，那麼誰又能看到、感受到或者去承認幾何知識的力量呢？

有一位漁夫，捕魚的技術超群，在整個縣城都很有名。然而「漁王」年老的時候非常苦惱，因為他的三個兒子的漁技都很平庸。於是他經常向人訴說心中的苦惱：「我真不明白，我捕魚的技術這麼好，我的兒子們為什麼這麼差？我從他們懂事起就傳授捕魚技術給他們，從最基本的東西教起，

告訴他們怎樣織網最容易捕捉到魚，怎樣划船最不會驚動魚，怎樣下網最容易請『魚』入甕。他們長大了，我又教他們怎樣識潮汐、辨魚汛等等。凡是我長年辛辛苦苦總結出來的經驗，我都毫無保留地傳授給了他們。可直到現在，他們的捕魚技術也沒有太大長勁，甚至還不如普通人。」

一位路人聽到這裡，上前問道：「漁夫先生，您一直是很細心地教給他們每一個細節嗎？」

「當然了。」漁夫答道，「為了讓他們技藝精湛，我都是耐著性子，手把手教的他們。」

「那他們也一直跟隨您學習嗎？」路人又問。

「是的，為了不讓他們誤入歧途，我一直要求他們跟我學習。」

路人說：「這就對了，看來錯在你，不在孩子們呀。」

漁夫很驚訝：「為什麼？」

路人繼續答道：「你只教會了他們捕魚的原理，卻不能放手讓孩子自己去實踐，他們不能從自己的實際行動中將您教給自己的知識化為實實在在的利益，自然不會對您口述的技巧產生興趣，激勵作用就更不用說了，因此他們很難進步。」

知識就是力量，二者之間最大的轉化劑就是行動。雖有古語說「腹有詩書氣自華」，但是不具備將知識轉化為實際行動的能力，還是遠遠不夠的。

話說一個人買了5斤肉，結果回家一稱少了半斤，這事正好被四個老師聽說，他們都執意要去與賣肉的理論。

來到賣肉的面前，化學老師先說話了：「師傅，肉是氫、氧、碳三種元素的結合，難道你的肉，氫和氧結合得太多？要知道肉是脂肪不是烴物質，怎麼一下子就揮發了半斤呢？」

語文老師也不甘示弱，對賣肉的進行教育：「你是偷偷摸摸的老鼠，我是緊緊跟蹤的攝影機。你問問你的良心，它是最公正的法官，看它怎麼發落你……」

這時數學老師說：「不要這樣呀，半斤肉，3.5元錢，還看不了一場電影，洗不了一次頭髮，你少給半斤肉是正數，我們少了半斤肉是負數。總之大家都是有理數！」

賣肉的哪裡聽得懂，於是將語文老師按倒在地，這可嚇壞了英語老師，她大喊了一句「Pig！」，然後扶起語文老師，喊大家走。走到半路，她說：「我用英語罵他是頭豬，知識就是力量，一個賣肉的哪裡懂。」

這是一個極具諷刺意味的故事，四位老師掌握的知識涵蓋面可謂廣泛了，可他們卻不知道知識不是不分場合搬出來就能解決問題的，它需要轉化，需要透過行動去證明。因此我們要將其轉化為能夠幫助自己工作和發展的具有實際意義的利益，發揮知識的力量。

6.

學習一個人的優點，勝過挑剔他的缺點

在職場中，有兩種人：一種長了一雙天使的眼睛；另一種長了一雙魔鬼的眼睛。前者總是把周圍的人作為自己免費的教科書，不斷研究他們身上良好的優點，從中學習知識和經驗；而後者總是在挑剔周圍人身上的缺點。於是這兩種人逐漸成長為職場天使和職場魔鬼。

平心而論，誰都想成為職場天使，那麼做事就要講究方法了，好的方法能夠事半功倍，而不好的方法卻讓你事倍功半。做事要善於動腦，善於從接觸的任何人身上學習，學習他的優點。每個人都有值得別人學習的優點，所以每個人都是天使，都值得你去學習。運用你的智慧，發現他的優點，學習他的優點，不斷提高和完善自己。

日常生活中，人們總是更容易發現別人的缺點。人非聖賢，孰能無過。世界上沒有十全十美的人，人們在工作、學習、生活中總會存在這樣那樣的缺點和錯誤。聰明的人總是暗暗學習別人身上的優點，愚蠢的人才會抓住別人的缺點不放鬆。

有一位印度先生與一位身姿綽約、貌美如花的女人結了婚。婚後，兩人情比金堅、恩恩愛愛，是人人稱羨的神仙美眷。這個太太眉清目秀，性情溫和，美中不足的是長了個酒糟鼻子。柳眉、鳳眼、櫻桃嘴，本該令人驚豔的瓜子臉蛋偏偏鑲了個酒糟鼻子，好像失職的藝術家，對一件原本足以傲世的藝術精品，少雕刻了幾刀，顯得非常的突兀怪異。丈夫對於太太的鼻子終日耿耿於懷。

一日出外去經商，行經一販賣奴隸的市場，寬闊的廣場上，四周人聲鼎沸，人們爭相吆喝出價，搶購奴隸。廣場中央站了一個瘦小清癯的女孩子，正以一雙淚眼，怯生生地環顧著這群如狼似虎、決定她一生命運的男人。這位丈夫仔細端詳女孩子的容貌，突然間，被深深地吸引住了。極好了！這女子臉上長著一個端端正正的鼻子，不計一切，買下她！丈夫以高價買下了長著端正鼻子的女孩子，興高采烈，帶著女孩子日夜兼程趕回家，想給心愛的妻子一個驚喜。到了家中，把女孩子安頓好之後，以刀子割下女孩子漂亮的鼻子，拿著血淋淋而溫熱的鼻子，大聲疾呼：「太太！快看，我給你帶來了什麼，你一定會喜歡的！」

太太急急忙忙趕出來：「出什麼事兒了？」

「看！多美的鼻子，特意為你買的。」

只見妻子一頭霧水，丈夫話音未落。突然抽出懷中利刃，一刀朝太太的酒糟鼻子砍去。霎時，太太的鼻樑血流如注，酒糟鼻子掉落在地上，丈夫趕忙用雙手把端正的鼻子嵌貼在傷口處。結果可想而知，妻子失去了自己的鼻子，也無法得到那個女孩的美麗鼻子。

這位丈夫看來是位完美主義者，在做事的時候總是力求不存缺憾。自己的妻子已經身兼很多優點了，唯有這麼一點缺點他卻不能容忍。關鍵是他只把眼光放在了這一點缺點上而不是放在那些眾多的優點上。

其實，看到別人身上的優勢並不是目的，只是前提。目的是對別人的良好優點加以研究，深入學習，以彌補自身的不足或填補自身的空白，從而實現自身水準的提高。

身在職場就更要深知「尺有所短，寸有所長」的道理。如果你是上司，在用人時就該懂得這個道理，善用人的長處，發揮他們優點，是因人成事的第一要務；如果現在你還是職員，也要深知這樣的道理，雙眼只盯著別人的缺點不僅不利於自身的提高，還會影響人際關係；關注別人的優點不僅能夠贏得別人的好感，更是抓緊學習、提高自己的重要契機，何樂而不為呢？

一位老師在給同學開班會時拿出一塊白板，並在這塊白板上點了一個黑點。

他問大家：「你們看到了什麼？」

學生高聲回答：「一個黑點。」

老師故作疑惑地說：「這麼小的黑點你們都看得到，那後面這麼大一塊白板你們都看不到嗎？」

你看到的是什麼？每個人身上都有一些缺點，但是你看到的是哪些呢？是否只看到別人身上的黑點，卻忽略了他擁有著一大片的白板（優點）？其實每個人都必定有很多的優點，換一個角度去看吧！你會有更多新的發現。

第四章

值得深交的一個人：「信心」先生

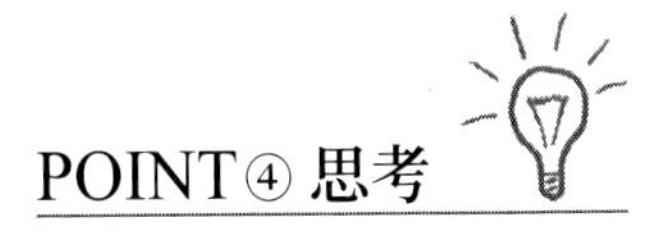

人生事業之成功，亦必有其源頭，而這個源頭，就是夢想與自信。

信心不能給你需要的東西，但卻能告訴你如何得到，在人的一生中，自信是最不可缺少的品質之一。不幸很少會糾纏那些有希望和信心的人，除非你願意，否則沒有人能破壞你對任何事情的信心，它可以使不可能變為『可能』。

1.

▶ 信心與經驗一樣，會愈用愈多

當我們玩遊戲的時候，如果我們過了一關，就會很高興，同時也會建立自己再打過第二關的信心。

生活中，當我們達成了一個目標，我們就不會對下一個更大的目標感到恐懼，就會充滿信心地向下一個目標邁進，這就是進取心，就是信心越用越多的道理。

艾美作為一家子公司的行銷策劃人員，她憑藉自己的信心看準了「白雪」洗髮精——這款被公司視為失敗的產品。這是一種價格低廉而且不含新增劑的洗髮精，雖然沒有華麗的包裝，但卻能吸引講究實惠的消費者。於是她決定再次為「白雪」全力以赴，將它再呈給管理階層，並告訴他們「白雪」的價值所在。最後管理階層接受了她的提議，而「白雪」竟成為該公司銷量最好的洗髮精之一。

由於「白雪」銷售成功，艾美成為該公司一家分公司的負責人。於是，她研發了一系列新的護髮產品，而這些產品最後也都成了市場寵兒。如今艾美已成為布瑞爾通訊的執行副總裁，該集團所從事的正是市場行銷服務。由於她不斷地以她的個人進取心為公司引進更多更好的產品，故而得到今天的職位，可說是實至名歸。哈佛商學院也頒給她「馬克斯和柯恩卓越零售獎學金」，而《美金和意識》雜誌稱許她為「前一百名商業職業婦女」之一。對自己眼光的絕對信心，使艾美獲得認同、進步和成功。

一個人一旦形成強烈的自信心，只要心存進取，即使是最微弱的進取心，也會像一顆天堂裡的種子。只要經過培育和扶植，他的信心就會茁壯成長，開花結果。

上帝在所有生靈的耳邊低語：「努力向前。」如果你發現自己在拒絕這種來自內心的召喚，這種催你奮進的聲音，那你可要注意了。如果你真的是這樣，那麼，這種聲音就會越來越微弱，直至消失。到了那時，你的信心也就衰竭了。當這個來自內心、促你上進的聲音迴響在你耳邊時，一定要注意聆聽它，它是你最好的朋友，將指引你走向光明和快樂，將指引你到達成功的彼岸。

人的生命是有限的，生命不息，奮鬥不止。生命的價值就在於奮鬥，在於不斷地進取，一旦我們受到這種不可動搖的進取心的驅使時，我們的信心就會不斷壯大，就會形成一種不斷自我激勵、始終向著更高目標前進的習慣。我們會激發出前所未有的信心和力量，而我們身上的許多不良習慣也會逐漸消失。

生活中，舒適的誘惑和對困難的恐懼，以及對世俗的妥協征服了許多人。許多人就是這樣，熄滅了自己的進取之心，隱匿於平庸無奇的柴米油鹽當中，麻痺自己的心靈，得過且過地敷衍著單調的分分秒秒。

然而成功者卻不是這樣。有人問一位在美國地位很高的女經理人，成功的祕訣是什麼？那人回答說：「我還沒有成功呢！沒有人會真正成功。前面總是有更高的目標。」因為，隨著她們的進步，她們的標準會越定越高；隨著她們眼界的開闊，她們的信心會逐漸增長。如果你在一個平庸的職位上得到了不錯的薪水，就會缺乏向更高位置努力的動力，那是非常危險的，因為你的信心開始逐漸消磨。雖然你有能力做得更好，但是因為你滿足於現狀，所以你也許永遠都只能原地踏步，從而使你的目標可望而不可即。

對於更高目標的信心總是激勵人們為了更美好的明天而奮鬥。成功來源於不斷增強的信心，猶如果實來源於花朵。沒有一點野心的人，肯定是成就不了大事業的。每個成功人士的野心就是增強自信、不斷超越自我的進取之心，這也是他們一步步走向人生輝煌之巔的資本。

進取心就好像一粒種子，只要努力加以培植和扶植，就會茁壯成長，開花結果。所以，有進取心、求上進的重要條件是要能吃苦，不怕受累，改掉裹足不前的壞習慣。

無數的事實證明，人的潛力是無窮的。猶如我們在大地上挖掘，每一鍬都會有新的收穫。所以只要我們的目標被理性所確認，鍥而不捨的毅力和踏踏實實的態度就是我們奔向成功的動力。只有暮氣沉沉的落伍者，絕沒有幹勁十足的失敗者。

那麼就讓那些毫無自信、妄自菲薄、庸庸碌碌、無所用心的想法遠去吧。振奮起精神，煥發出熱情，以不屈不撓的大無畏精神向大自然索取屬於人類未來的財富，人生的必將開出成功璀璨之花！

當我們玩遊戲的時候，如果我們過了一關，就會很高興，同時也會建立自己再打過第二關的信心。

生活中，當我們達成了一個目標，我們就不會對下一個更大的目標感到恐懼，就會充滿信心地向下一個目標邁進，這就是進取心，就是信心越用越多的道理。

2.

除非你願意，否則沒有人能破壞你的信心

奧格斯特·馮史勒格曾說過：「在真實的生命中，每樁偉業都以信心開始，並由信心跨出第一步。」世界上最可怕的敵人，也就要算「沒有堅強的信念」了。

在人生的旅途中，你是你自己唯一的船長，千萬不要讓別人駕駛你的生命之舟。你要穩穩地坐在舵手的位置上，決定自己何去何從。一些人生目標具有挑戰性，是因為它本身包含了很多的未知因素，在這些挑戰面前，你的信心將起重要的作用。如果你對自己要實現的目標失去信心，表現出畏難情緒，從心理上就已經埋下了失敗的種子；如果充滿信心，積極主動去迎接挑戰，就可以將一些原本可能影響心理波動的因素擋在外，以一種良好的心態積極面對挑戰，也有助於對問題的正確判斷。

弗蘭克是一位決定論心理學家，這主要是受佛洛伊德心理學派影響頗深的緣故。他在納粹集中營裡經歷了一段悽慘的歲月後，開創出了獨具一格的心理學流派。弗蘭克的父母、妻子、兄弟都死於納粹魔掌，而他本人則在納粹集中營

裡受到嚴刑拷打。有一天，他赤身獨處於囚室之中，突然有了一種全新的感受。也許，正是集中營裡的惡劣環境讓他猛然警醒：「即使是在極端惡劣的環境裡，人們也會擁有一種最後的自由，那就是選擇自己的態度的自由。」

弗蘭克的意思是說，一個人即使是在極端痛苦、無助的時候，依然可以自行決定他的人生態度。在最為艱苦的歲月裡，弗蘭克選擇了自信的、積極向上的態度。他沒有悲觀絕望，反而在腦海中設想，自己獲釋以後該如何站在講臺上，把這一段痛苦的經歷講給自己的學生聽。憑著這種積極、樂觀的思維方式，弗蘭克在獄中不斷磨練自己的意志，讓自己的心靈超越了牢籠的禁錮，在自由的天地裡任意馳騁。弗蘭克在獄中發現的思維準則，就是說每個人在追求成功時都要具有一定的人生態度，這個態度就是要充滿自信、積極主動地迎接挑戰，面對困難。

如果你的公司空出了重要的職位，你沒有做過這個工作，但你認為這是給你的一種挑戰，那麼能不能不怕失敗，主動要求去做這項工作？這時候，有些人會首先談條件，但實際上這個挑戰本身就是一個機會，如果你能做下來，公司看到你可以做更困難的工作，會給予獎勵。如果不給，你也提升了你的價值，在選擇別的公司時就有更多的籌碼。

沒有信心，消極被動的人總是在等待命運安排或貴人相助。對一件事情，他們總認為太困難了，自己無法完成，需要降低或放棄目標。但是擁有自信的人對自己總是有一份責任感，認為命運操縱在自己的手裡，自己可以達到自己的目標，實現自己的夢想。

面對挑戰可能會失敗，但逃避挑戰一定會失敗。一個人如果對於自己的能力都不自信，那他的一生絕不會成就重大的事業。

蘋果電腦以其精緻、耐用等特點享譽全球，它的創始人叫賈伯斯。賈伯斯在正式創立蘋果電腦公司前，已有兩項成功的記錄，一是賣出五十部自行組裝的 Apple I 電腦，另一次則是製造了一種防電話盜打裝置。這些成功經驗使賈伯斯對建立蘋果電腦公司充滿信心。

於是，年僅二十歲的賈伯斯就一手創起了蘋果電腦公司。他拚命工作，讓蘋果電腦在十年內從一間小工廠，擴大成一家員工超過四千人、市價二十億美元的公司，因為他推出了一個很棒的產品 —— 麥金塔電腦。但是在他三十歲時，因為與董事會對公司未來的願景不同，董事會炒了他魷魚。賈伯斯說：「曾經是我整個生活重心的東西不見了，這令我不知所措。」但賈伯斯還是熱愛著他的電腦事業，被蘋果免職的事件絲毫沒有改變他的目標。他雖被否定了，但他的信心依然堅定，這源於他的目標。於是他決定再來一次。

後來的五年裡，賈伯斯創辦了 NeXT 和皮克斯兩家公司。皮克斯接著製作了世界上第一部全電腦動畫電影《玩具總動員》，現在是世界上最成功的動畫製作公司。然後，蘋果電腦買下了 NeXT，賈伯斯回到了蘋果，NeXT 發展的技術也成了蘋果電腦後來的技術核心。

為何賈伯斯可以不斷成功。如果賈伯斯沒有明確的目標，他就不可能會有那麼堅強的信心，也就不會在被免職的人生最低潮時刻，創立了兩個更難創辦的 Pixar 動畫公司及 NeXT 電腦公司。

從賈伯斯的例子來看，一個人能否成功創業，取決於一個人是否有目標和百折不撓的信心，正如賈伯斯所說：「不要喪失信心。這是這些年來讓我繼續走下去的唯一理由。」

人生的旅途十分短暫，要珍惜自己所擁有的選擇權和決策權，雖然可以參考別人的意見，但千萬不要隨波逐流。不能讓任何人破壞你實現自己心中目標的自信心。請記住：只有對自己的目標充滿自信的人，才能在瞬息萬變的競爭環境中贏得成功。

安迪是一個對什麼事都不大滿意的人。有一次，朋友鼓起勇氣勸他說：「我見過很多成功的人，他們無一例外充滿信心並且愉快和積極。所以，你也要有信心，盡量積極地考慮問題。」安迪則以「你有所不知」的口吻回答朋友說：「那是因為那些人是成功的。如果我像他們那樣成功，你不讓我積極，我也會變得樂觀積極。」

從安迪的強詞奪理中，我們就知道他不會擁有自信心，因為他自己趕走了自己的信心。

3.

▶所有偉大的奇蹟，都只是信心的力量

聽過那句話嗎？你相信什麼，就能成為什麼。因為世界上最可怕的兩個詞，一個叫認真，一個叫自信。認真的人改變自己，自信的人改變命運。所有偉大的奇蹟，都是信心激發出的力量而已。

威爾遜的創業資本就是一臺價值五十美元的爆米花機，而且是一臺分期付款的爆米花機。第二次世界大戰結束後，威爾遜做生意賺了點錢，便決定從事地產生意。如果說這是威爾遜的成功目標，那麼，這一目標的確定，就是基於他對自己的市場需求預測充滿信心。當時，在美國從事地產生意的人並不多，因為戰後人們一般都比較窮，買地皮修房子、建商店、蓋廠房的人很少，地皮的價格也很低。當親朋好友聽說威爾遜要做地產生意，異口同聲地反對。而威爾遜卻堅持己見，他認為反對他的人目光短淺。他認為雖然連年的戰爭使美國的經濟很不景氣，但美國是戰勝國，它的經濟會很快進入大發展時期。到那時，一旦買地皮的人增多，供不應求，地皮價格一定會成倍成倍地向上暴漲。

於是，威爾遜堅定了要投資土地的信心。他用手頭的全部資金再加一部分貸款在市郊買下很大的一片荒地。這片土地由於地勢低窪，不適宜耕種，所以很少有人問津。可是威爾遜親自考察了以後，還是決定買下了這片荒地。他的預測是，美國經濟會很快繁榮，城市人口會日益增多，市區將會不斷擴大，必然向郊區延伸。在不遠的將來，這片土地一定會變成黃金地段。果然不出威爾遜所料。三年之後，城市人口劇增，市區迅速發展，大馬路一直修到威爾遜買的土地的邊上。這時，人們才發現，這片土地周圍風景宜人，是人們夏日避暑的好地方。於是，這片土地價格倍增，許多商人競相出高價購買，但威爾遜不為眼前的利益所惑，他還有更長遠的打算。後來，威爾遜在自己這片土地上蓋起了一座汽車旅館，命名為「假日旅館」。由於它的地理位置好、舒適方便，開業後，顧客盈門，生意非常興隆。從此以後，威爾遜的道路越走越寬，產業遍布世界各地，與當初的五十美元資產早已不可同日而語。

在人生的道路上，自信是加速器，讓你在成功的路上如虎添翼，它可以引領你更快地實現自己的夢想，給你帶來意想不到的成就。有了自信，求下則居中，求中則居上。不熱烈、堅定地企盼成功而能取得成功的，天下絕無此事。

有一個擁有賽車手夢想的年輕人，他從很小的時候起，就希望自己能夠成為一名出色的賽車手。他在軍隊服役的時候，曾開過卡車，這對他的駕駛技術造成了很大的幫助作用。退役之後，他選擇到一家農場裡開車。在工作之餘，他仍一直堅持參加一支業餘賽車隊的技能訓練。只要有機會遇到車賽，他都會想盡一切辦法參加。因為名次一直徘徊不前，所以在賽車上他只有投入沒有收益，欠下了一些債務，生活有些窘迫。

有一年，他入選了威斯康星州的賽車比賽。當賽程進行到一半多的時候，他的賽車位列第三，他有很大的希望在這次比賽中獲得好的名次。突然，他前面那兩輛賽車發生了相撞事故，他迅速地轉動賽車的方向盤，試圖避開他們。但終究因為車速太快未能成功。結果，他撞到車道旁的牆壁上，賽車在燃燒中停了下來。當他被救出來時，手已經被燒傷，鼻子也不見了。體表傷面積達百分之四十。醫生給他做了七個小時的手術之後，才使他從死神的手中掙脫出來。經歷這次事故，儘管他命保住了，可他的手萎縮得像雞爪一樣。而且醫生告訴了他一個殘酷的事實：「以後，也許一輩子，你都不能再開車了。」

但是，他並沒有就此失去信心。為了實現那個久遠的夢想，他決心再一次為成功付出代價。他接受了一系列植皮手術，為了恢復手指的靈活性，每天他都不停地練習用殘餘部分去抓木條，有時疼得渾身大汗淋漓，而他仍然堅持著。他始終堅信自己的能力。在做完最後一次手術之後，他回到了農場，換用開推土機的辦法使自己的手掌重新磨出老繭，並繼續練習賽車。僅僅九個月之後，他就重返賽場了！他首先參加了一場公益性的賽車比賽，但沒有獲勝，因為他的車在中途意外地熄了火。不過，在隨後的一次全程二百英哩的汽車比賽中，他取得了第二名的成績。這個成績的取得給予了他極大的鼓勵。兩個月後，仍是在上次發生事故的那個賽場上，他滿懷信心地駕車駛入賽場。經過一番激烈的角逐，他最終贏得了二百五十英哩比賽的冠軍。他在自信心給予的偉大力量下取得了成功。

熟悉這個故事的人早就猜到了：他就是吉米．哈里波斯。一個美國頗具傳奇色彩的偉大賽車手。當吉米第一次以冠軍的姿態面對熱情而瘋狂的觀眾時，他流下了激動的眼淚。一些記者紛紛將他圍住，並向他提出一個相同的問題：「你在遭受那次沉重的打擊之後，是什麼力量使你重新振作起來的呢？」此時，吉米手中拿著一張此次比賽的宣傳海報，上面是一輛賽車迎著朝陽飛馳。他沒有回答，只是微笑著用黑色的水筆在海報的背後寫上一句凝重的話：「將失敗丟在背後，將自信裝進身體，成功就一定在前方等你！」

當德國上千架飛機向英國倫敦扔下數萬顆炸彈時，英國首相邱吉爾正在劍橋大學發表激情洋溢的演講，宣布「世界將會因英國的反法西斯而改變」，要英國人民永不放棄。

在蘇聯被困、法國被占、美國坐視不管、英國又面臨淪亡的情況下，要是沒有自信，英國民眾能看到希望嗎？這就是自信，而且是一種令人震驚的自信。

4.

不幸很少會糾纏有希望和信心的人

海倫·凱勒這位勇士曾經說過：「信心是命運的主宰。」一旦擁有了希望和信心，不幸的事就會繞道而行。

不幸只會羈絆對自己失去信心者的雙腳，卻能成為自信者的墊腳石。是被不幸絆倒，還是把不幸踩在腳下繼續走向自己的目標，這取決於你對自己的信心。

自信是一種自己能夠給予自己的力量。當你總是在問自己：我能成功嗎？這時，你還難以摘取成功的花朵。當你滿懷信心地對自己說：我一定能夠成功。這時，人生的收穫季節離你已不太遙遠了。

美國職棒大聯盟最佳投手摩德凱·勃朗從小就對自己的未來充滿希望和信心。雖然家境貧困，但摩德凱·勃朗從小就決心要成為職棒大聯盟的投手，從兒童時代就表現出與眾不同的才能。和當時所有貧窮的孩子一樣，他也在農場工作補貼家用。有一天手被機械夾住，失去了右手食指的大部分，中指也受了重傷。如果是一個消極思維的人，一定會悲觀地認為：「當投手的希望完全破滅了。要是沒有發生那件事就好了。手變成這樣，再也不能投球了。夢已飛到窗外去了，完全不可能實現了。」可是這位少年沒那樣說，也不這樣想。他完全接受了這個不幸的事實，儘自己最大的努力，學會用剩餘的手指投球。正是受傷的手指，也就是變短的食指和扭曲的中指，使球產生了與眾不同的角度和旋轉。

有一天，在地方隊打球的時候，摩德凱從三壘傳球到一壘，球隊經理剛好站在一壘的正後方，看到旋轉的快速球劃著美妙的曲線進入一壘手的手套裡，驚嘆道：「摩德凱，你是天生的好投手。球控制得好，球速也快。那種會旋轉的球，任何擊球手都會揮棒落空。」摩德凱憑藉自己的優勢將對手一個個三振出局。不久，摩德凱便成為美國棒球界最佳投手之一。直到今天，他的三振紀錄和成功投球的次數在美國職棒大聯盟的歷史中仍占有重要地位。

那麼，少年摩德凱是如何把不幸事件變成對自己事業的有益因素呢？他從小就樸實地相信發揮自己的力量能完成任何事情。就因為他是有積極態度的人，才能發揮難以置信的力量，解決了人生中幾乎不可能解決的困難問題。正因為他完全排除了「要是那樣的話」「做不到」或「不可能」的語言，所以才能成為傑出的棒球選手，名揚後世。

聽了這個故事以後，也許你會說：「我不是摩德凱·勃朗那樣的超人，遇到他那樣的不幸，我是沒有辦法重新站起來的。」請你記住，在摩德凱的手受傷時，他也絕不是個超人。

還有一個故事：美國是全世界公認的移民天堂，但已過而立之年的皮埃爾就是這天堂中的一位不幸者。他事業失敗，靠失業救濟金生活，整天無所事事地躺在公園的長椅上，無奈地看著樹葉飄零、雲朵飛走，感嘆命運中的不幸。有一天，他兒時的朋友告訴他：「我看到一本雜誌，裡面有一篇文章說拿破崙有一個私生子流落到了美國，並且這個私生子又生了好幾個兒子，他們的全部特徵都跟你相似——個子矮小，講一口帶法國口音的英語。」此後很長一段時間，皮埃爾總在心裡唸叨著：「我真的是拿破崙的孫子？」漸漸地，他開始相信這件事是真的了。

在這種希望和信心的指引下，皮埃爾的人生發生了改變。以前他因為個子矮小而充滿自卑，而現在他因此感到自豪：我爺爺就是靠這種形象指揮千軍萬馬。以前他總覺自己的英語發音不標準，像一個令人討厭的鄉巴佬，現在他卻覺得自己帶一點法國口音的英語悅耳動聽。在下決心開創一番事業的時候，因為是白手起家，他遇到了無數難以想像的困難，但他卻充滿了信心。他對自己說：在拿破崙的字典裡找不到「難」這個字。就這樣，他一直用前代偉人的事蹟激勵自己，充滿希望和自信地打拚，終於克服了種種困難。後來的他成立了自己的公司，而且是跨國的大公司。

擁有自己的公司十年後，皮埃爾得知自己並不是拿破崙的孫子。但皮埃爾並沒有因此感到沮喪，他說：「我是不是拿破崙的孫子已經不重要了，重要的是我明白了一個成功的道理——當你相信自己時，不幸就會離你遠去。」

很多時候，有不少人覺得難以成功的事情擺在我們面前，我們常常不是積極地接受並且努力地做好，而是怨天尤人，畏難躲避，總是沉溺於抱怨和牢騷，以一種消極、悲觀的心態等待，觀望或者被動應付。但是任何人都潛藏著比自己所了解的更巨大的潛力。面對不幸，你如果對自己說「還有下一次」「一定能做到」，這時候不幸也會漸漸遠離你，成功就會慢慢靠近你。

不要讓不幸糾纏你的生活，要微笑著面對不幸的遭遇。充滿自信的人，會把苦難看作是一種磨礪，在與不幸抗爭的同時，人性的光彩愈加鮮明，目標也愈加清晰。如果你在生活中遇到不幸，那就試著擺脫它，因為這樣才能迎接美好的明天。

不幸只會羈絆對自己失去信心者的雙腳，卻能成為自信者的墊腳石。是被不幸絆倒，還是把不幸踩在腳下繼續走向自己的目標，這取決於你對自己的信心。

5.

信心是一種態度，常使「不可能」消失於無形

人們常說：只要你有一分的自信，就會收穫一分的成功；只要你有十分的自信，就會收穫十分的成功。

生活中，有許多失敗者之所以失敗，究其原因，不是因為無能，就是因為不自信。有人說，自信是成功的一半，這話很對。自信，使不可能成為可能，使可能成為現實。不自信，使可能變成不可能，使不可能變成毫無希望。

查爾斯做了五年的農具生意。當時，他過著平凡而又體面的生活，但並不理想。他一家的房子太小，也沒有錢買他們想要的東西。查爾斯的妻子並沒有抱怨，很顯然，她只是安於天命但並不幸福。而現在，查爾斯有了一所占地兩英畝的漂亮新家。他和妻子再也不用擔心能否送他們的孩子上一所好的大學了，他的妻子在花錢買衣服的時候也不再有那種犯罪的感覺了。

下一年夏天，他們全家都將去歐洲度假。查爾斯說：「這一切的發生，是因為我利用了信心的力量。五年以前，

我聽說在底特律有一份經營農具的工作。那時，我們還住在克利夫蘭。我決定試試，希望能多賺一點兒錢。我到達的時間是星期天，但公司與我面談還得等到星期一。晚飯後，我坐在旅館裡靜思默想，我問自己『失敗為什麼總屬於我呢？』……」查爾斯取了一張旅館的信箋，寫下幾個他非常熟悉的、在近幾年內成就遠遠超過他的朋友的名字。他們取得了更多的權力和更重要的工作職責。這其中的人曾經的境遇有些還遠不如自己，查爾斯想：第一，他們並不比自己更聰明；第二，他們的教育，他們的正直，個人習性等，也並不具有任何優勢。終於，查爾斯想到了另一個成功的因素 —— 自信。查爾斯為自己的發現感到很興奮，因為他找到了與那些超過自己的人之間的差距，就是自信心不如他們足。

查爾斯開始仔細地回憶過去。從查爾斯記事起，便缺乏自信心，他發現過去的自己總是在自尋煩惱，自己總對自己說不行，不行，不行！他總在強調自己的短處，幾乎他所做的一切都表現出了這種自我貶低。如果自己都不信任自己的話，那麼將沒有人信任你！第二天上午，他暗暗以這次與公司的面談作為對自己自信心的第一次考驗。在這次面談以前，查爾斯希望自己有勇氣提出比原來薪資高七百五十甚至一千美元的要求。但經過這次深刻的自我認知之後，查爾斯將自己的薪資目標定位為三千五百美元，較前一目標高出兩千美元。最後他獲得了成功。他的信心使原本以為的「不可能」變為「可能」。

信心對一個人的發展來說，具有無法預估的力量。不論是在智力、體力或是處理事情的能力上，自信心都有著非比尋常的重要性。許多事業成功的人，總是能勇於向自己提出更高的要求，所以才能在失敗的時候看見希望。

來看一個心理學的案例：一個長相很醜的女孩，對自己非常缺乏信心，她從來不打扮，整天邋邋遢遢的，做事也不求上進。心理學家為了改變她的狀態，要求大家每天對醜女孩說「你真漂亮」「你真能幹」「今天表現不錯」等讚美的話，經過一段時間之後，大家驚奇地發現，女孩真的變漂亮了。其實，她的長相併沒有任何改變，但其心理狀態發生了變化。她變得勇於打扮自己、表現自己，開始積極地面對生活了。

為什麼會有這麼大的變化呢？心理學家解釋說，那是因為她對自己產生了自信心，因為對自己有了自信，所以大家都覺得她比以前漂亮多了，她還愉快地對大家說，她獲得了新生。

所謂相由心生，這位女孩其實只是展現出每個人都蘊藏的自信美而已。這種美只有在我們相信自己，而周圍的人也都肯定我們的時候，才會被充分地展現出來。

自信心就像催化劑一樣，它可以把人的一切潛能激發出來，將所有的功能調整到最佳狀態。在許多成功者身上，都可以很清楚地看到他們因自信而散發出的成功光芒。一個人如果缺乏自信心，就會缺乏探索事物的主動性和積極性，他的能力自然就會受到約束和局限。

生活並不容易，除了要有堅忍不拔的精神外，最重要的是滿懷信心。相信自己的天賦和才能，無論付出多少時間精力，也要把事情完成，只要對自己充滿信心，你才能不斷地激發自己內在的潛能。自信的人依靠自己的力量去實現目標，自卑的人則只能憑藉僥倖。

沒有自信，便沒有成功。因為對於沒有自信的人來說，他的世界裡只有「不可能」。而那些獲得了巨大成功的人，他們的自信心將個人世界中的「不可能」全部驅逐出境，將「可能」填充進來，這就是自信心的力量。

只要你有一分的自信，就會收穫一分的成功；只要你有十分的自信，就會收穫十分的成功。沒有自信，便沒有成功。因為對於沒有自信的人來說，他的世界裡只有「不可能」。而那些獲得了巨大成功的人，他們的自信心將個人世界中的「不可能」全部驅逐出境，將「可能」填充進來，這就是自信心的力量。

6.

信心不能給你所需，卻能告訴你如何得到

信心對一個人至關重要，因為只有它知道如何讓你獲得想要的東西。當一個人為自己確立了發展的目標後，就要立即建立信心，採取行動，為實現自己的理想去努力。

信心不是工具，也不是方法，但是有了信心你就能使自己找到實現理想的方法。如果我們對自己沒有信心，就會拖拉懶散，不知所措。成功者絕不會坐等成功來敲門，只有失敗者才心存僥倖，希望好運突然降臨。但我們知道，這樣的好運也只存在於幻想中。

一個人的信心影響他的行為，信心能使你透過潛心工作得到自我滿足和快樂，這是其他方法不可取代的。這麼說來，如果你想尋找快樂，如果你想發揮潛能，如果你想獲得成功，就必須充滿信心，積極行動。

有信心的人一旦遇到問題就馬上解決。他們不花費時間去發愁，因為發愁不能解決任何問題，只會不斷地增加憂慮，浪費時間。自信者會立刻興致勃勃、幹勁十足地尋找解決問題的辦法。不要期待時來運轉，也不要因為等不到機會

而惱火或覺得委屈，要有信心，要從小事做起，要用行動爭取勝利。只要你對自己的目標有信心，並改變自己的思考方式，利用逆向思維，就會發現：將自己逼入絕境的困難和挫折，正是開掘無限潛能的絕佳機會。從問題中發現並把握住機遇，就能變不利局面為有利局面。

肯德基為全世界的人們所熟知，它的創始人就是哈蘭·山德士。他六歲時父親就去世了。哈蘭為了照顧年幼的弟弟，補貼家用，開始到田間工作。隨著年齡的增長，哈蘭步入社會。但哈蘭是個性子暴烈、不實現自己的願望絕不罷休的人。這種固執的性格，使得他總與別人爭吵，他為此不得不多次換工作。他討厭被別人呼來喚去，便自己創業。開始時，他經營一家汽車加油站，但不久受經濟危機的影響，加油站倒閉了。第二年，他又重新開了一家帶有餐廳的汽車加油站，因為服務周到且飯菜可口，生意十分興隆，但是，一場無情的大火把他的餐廳燒了個精光。但他最終還是振奮精神，建立了一個比以前規模更大的餐廳。餐廳生意再次興隆起來，可是，厄運又找上了門。因為附近另外一條新的交通要道建成通車，哈蘭加油站前的那條路變成背街的道路，顧客因此銳減，哈蘭不得不放棄了餐廳。這時哈蘭已六十五歲了。然而，哈蘭並未死心。他想到手邊還保留著一份極為珍貴的專利 —— 製作炸雞的祕方。現在，他決定賣掉。為了賣掉這份祕方，他開始走訪美國國內的速食廳。他教給各家餐

廳製作炸雞的祕訣 —— 調味醬，每售出一份炸雞他獲得五美分的回扣。五年之後，出售這種炸雞的餐廳遍及美國及加拿大，共計四百家。到二十一世紀初，四千多家肯德基連鎖店已遍布美國各處。

哈蘭的成功告訴我們：獲得成功，並不像常人想像的那麼難。更多的時候是因為你有追求理想的信心，並不斷嘗試，往往有一天只需要一個靈感，成功就實現了。

不要讓錯誤的意識占據大腦。要正確對待工作中的困難和挫折，從積極的一面賦予「問題」以新的涵義。在很多情況下，一些問題雖然高舉「此路不通」的警示牌，但仔細研究就會發現，在它周圍還有比以前更好、更有利於提高工作效率的辦法，這就是「機遇」。

希臘神話告訴人們，智慧女神雅典娜是在某一天突然從宙斯的頭腦中一躍而出的，躍出之時雅典娜衣冠整齊，沒有淩亂感。和這一樣，某個高尚的理想、有益的思想、宏偉的幻想，也是在某一瞬間從一個人的頭腦中躍出的，這些想法剛出現的時候也是很完整的。但沒有信心的人遲遲不去執行，不去使之實現，而是留待將來再去做。而那些有能力有信心的人，往往趁著熱情最高的時候就去把理想付諸實施。

我們每個人在自己的一生中，有著種種的憧憬、理想和計劃，如果我們能夠將這一切的憧憬、理想與計劃，迅速地加以實踐，那麼我們在事業上的成就不知道會有多麼的偉大！然而，人們往往有了好的目標後，卻沒有必勝的信心，瞻前顧後，不去想辦法執行，而是一味地拖拉，以致讓一開始充滿熱情的事情冷淡下去，使幻想漸漸消失，使計劃最終破滅。

信心不能給你實現目標的具體東西，但是一直對目標充滿信心的人，總會找到通往成功的那條路！

在很多情況下，一些問題雖然高舉「此路不通」的警示牌，但仔細研究就會發現，在它周圍還有比以前更好、更有利於提高工作效率的辦法，這就是「機遇」。

第五章
失敗是獲取經驗的重要方式

POINT⑤ 思考

失敗是成功之母，為何這樣說？因為失敗是我們獲取經驗的重要方式。從居禮夫婦從數以噸計的鈾礦渣中僅僅提煉出不足一克的鐳和愛迪生在做了兩萬多次試驗才找到適合做白熾燈的材料的史實中，我們知道『失敗是成功之母』不是一句口號，而是強者的座右銘。

1.

了解自己為何失敗，讓失敗成為資產

從失敗中學習，就是為成功指路，這時的失敗就會變成你重要的悟性資產；而不能從失敗中學到教訓是悲哀的！即使是一些小小的錯誤，你都應從中學到些什麼。

一位老人是這樣面對失敗的。這位老人在高速行駛的火車上，不小心把剛買的新鞋從窗戶掉了一隻出去，周圍的人倍感惋惜，都認為他做了一件失敗的事情。不料老人立即把第二隻鞋也從窗戶扔了下去。這舉動更讓人大吃一驚。老人解釋說：「這一隻鞋無論多麼昂貴，對我而言已經沒有用了，如果有誰能撿到一雙鞋子，說不定他還能穿呢！」老人的做法使自己的失敗之舉也有了價值。

一個小女孩是這樣被引導如何面對失敗的。當這個小女孩趴在窗臺上，看窗外的人正埋葬她心愛的小狗時，不禁淚流滿面，悲慟不已。她的外祖父見狀，連忙引她到另一個窗臺，讓她欣賞他的玫瑰花園。小女孩的心情果然頓時明朗。老人托起外孫女的下巴說：「孩子，你開錯了窗戶。」小女孩從此知道了如何面對失敗，那就是失敗時另闢蹊徑，找到那扇充滿希望的窗子。

一個探險家被告知要這樣面對失敗。這個探險家原本要出發去北極，最後卻到了南極。當別人問他為什麼時，他說：「我帶的是指南針，找不到北極。」對方說：「怎麼可能呢？南極的對面不就是北極嗎？轉個身、回個頭就可以了。」

成功和失敗本是同一處水源，它是會令你溺水的深潭，也是能為你解渴的甘泉。誰能一開始便明察秋毫，尋覓到那通往柳暗花明的小徑？必須得經歷失敗，把所有不可能的假象、貌似合理的幻想一一排除，剩下的才會是唯一的正確路徑。

生活中當我們被一次次撞得暈頭轉向、頭破血流的時候，失敗是最好的指南針，以它恆久不變的指標說著錯誤的方向，並提示我們：轉過身去，對面便是成功。這時的失敗幫助我們找到了正確的方向，因此它也變成了最寶貴的資產。

一位老員工這樣抱怨自己的事業不順利：「我在這裡已做了三十年，我比你提拔的許多人多了二十年的經驗。」「不對，」老闆說，「你沒有從自己的錯誤中吸取任何教訓，你仍在犯你第一年剛做時的錯誤。因此你還是隻有一年經驗。」

愛迪生的一位助手曾經這樣對他說：「我們浪費了太多的時間，試了兩萬次了，仍然沒找到可以做白熾燈絲的物質！」「不！」愛迪生回答說，「我們的工作已經有了重大的進展。因為我們知道兩萬多種不能做白熾燈絲的材料。」

上面那位助手不懂得在失敗中吸取教訓的道理，因此他所經歷的失敗就只是失敗；而愛迪生知道在失敗中總結，在失敗中對比，終於找到了鎢絲，發明了電燈，改變了歷史。對於愛迪生來說，那兩萬多次失敗就已經成為了自己的資本。

英國的索冉指出：「失敗不該成為頹喪、失志的原因，應該成為新鮮的刺激。」唯一避免犯錯的方法是什麼事都不做，有些錯誤確實會造成嚴重的影響，所謂「一失足成千古恨，再回頭已是百年身」。然而，「失敗為成功之母」，沒有失敗，沒有挫折，就無法成就偉大的事。

成功學家拿破崙·希爾曾經說過，在失敗面前至少有三種人：

一種人，遭受了失敗的打擊，從此一蹶不振，成為讓失敗一次性打垮的懦夫，此為無勇亦無智者。

一種人，遭受失敗的打擊，並不知反省自己、總結經驗，只憑一腔熱血，勇往直前。這種人，往往事倍功半，即便成功，亦如曇花一現。此為有勇而無智者。

還有一種人，遭受失敗的打擊，能夠極快地審時度勢，調整自身，在時機與實力兼備的情況下再度出擊，捲土重來。這一種人堪稱智勇雙全，成功常常蒞臨他們頭上。

只有第三種人才將自己遭遇的失敗變成了資本。因此當我們遇到失敗時，一定要冷靜地思考和分析，找準失敗的原因，指導自己轉向正確的航向！

一位老員工這樣抱怨自己的事業不順利：「我在這裡已做了三十年，我比你提拔的許多人多了二十年的經驗。」「不對，」老闆說，「你沒有從自己的錯誤中吸取到任何教訓，你仍在犯你第一年剛做時的錯誤。因此你還是隻有一年經驗。」

2.

逆境中能找出順境中所沒有的機會

逆境，也就是不順利的環境；順境，也就是事事如意的環境。人的一生，誰都希望無論是在事業上、生活上都能夠常逢順境、遠離困境。但往往每個人都不能如願，逆境就像影子一樣，老是在自己的身邊徘徊。面對逆境，有的人扼腕嘆息，有的人則緊抓機遇，因為他們知道：困境裡往往蘊含著順境中不可能有的機遇。

正如法國的戴高樂所說：「困難，特別吸引堅強的人。因為只有在擁抱困難時，才會真正認識自己。」

遠在西班牙的港口城市巴塞隆納，有一個舉世聞名的造船廠。這個造船廠與巴塞隆納一樣有著悠久的歷史，它的歷史已有一千多年了。這個造船廠從建廠的那一天開始就立了一個規矩：所有從造船廠出去的船舶都要造一個小模型留在廠裡，並把這隻船出廠後的命運，命專人刻在模型上。廠裡有房間專門用來陳列船舶模型。因為歷史悠久，所造船舶的數量不斷增加，所以陳列室也逐步擴大，從最初的一間小房子變成了現在造船廠裡最宏偉的建築，裡面陳列著近十萬隻船舶模型。所有走進這個陳列館的人都會被那些船舶模型所震撼，不是因為船舶模型造型的精緻和千姿百態，不是因為感嘆造船廠悠久的歷史和對西班牙航海業的卓越貢獻，那是因為什麼呢？是因為船舶模型上深深刻下的文字。

「西班牙公主」是這些船舶模型中的一個，它身上雕刻的文字記錄了它的出生、成長和經歷，具體如下：「本船共計航海五十年，十一次遭遇冰川，有六次遭海盜搶掠，有九次與另外的船舶相撞，有二十一次因發生故障而拋錨擱淺。」每一個模型上都是這樣的文字，詳細記錄著該船舶經歷的風風雨雨。

在陳列館最裡面的一面牆上，是對上千年來造船廠所有出廠船舶的概述：造船廠出廠的近十萬隻船舶當中，有六千隻在大海中沉沒，有九千隻因為受傷嚴重不能再進行修復航行，有六萬隻船舶都遭遇過二十次以上的大災難，沒有一隻船從下海的那一天開始沒有過受傷的經歷……現在，這個造船廠的船舶陳列館，早已經突破了原來的意義。它現在不僅是西班牙聞名於世的旅遊熱點，更是所有西班牙人獲得精神力量的源泉。

這正是西班牙人吸取的智慧：所有的船舶，不論用途是什麼，只要到大海裡航行，就會受傷，就會遭遇災難。如果因為遭遇了磨難就怨天尤人，如果因為遭遇了挫折就自暴自棄，如果因為面臨逆境就放棄了追求，如果因為受了傷害就一蹶不振，那你就大錯特錯了。人生也是這樣的，只要你有追求，只要你去做事，就不會一帆風順。我們的人生，就像大海裡的船舶，只要不停止航行，就會遭遇風險，沒有永遠風平浪靜的海洋，沒有不受傷的船。

生活中，有多少人在渾渾噩噩過日子呢？有多少人在安逸的生活中懈怠呢？有多少人認為自己沒有什麼本事就安於現狀，不思進取呢？有些時候，我們需要一種逆境，來激發我們自身的潛能，喚醒我們內心深處被掩藏已久的激情，實現人生的最大價值。人的平庸，多數不是因為自身能力不夠，而是因為安於現狀、不思進取，沒有激發自己的潛能，在平淡、機械的生活中埋沒了自己。面對自己，積極去想去做，一個人的困難可能就是自己的機會。

世界著名田徑驕子海爾·格布雷西拉西耶的童年是在一個小山村裡度過的。這是一個位於衣索比亞阿魯西高原上的小山村，格布雷西拉西耶小的時候就生活在這裡。那時的他每天腋下夾著課本，赤腳跑步十公里上學和回家。貧窮的家境使他不可能坐車去上學。為了上課不遲到，他每天都一路奔跑。如今，這位曾經夾著課本跑步上學的小男孩在世界長跑比賽中，先後十五次打破世界紀錄，成為當今世界上最優秀的長跑運動員之一。如果他出身於富裕家庭，每天坐車上學，就絕不可能成為當今的世界田徑驕子。後來，他總是說：「我要感謝貧困，因為貧困，我別無選擇，只好跑步上學。」正是跑步上學，使他成為一名優秀的長跑運動員。小時候面臨的生活困境使他不得不堅持跑步上學，這也給了他找到一條成功之路的機遇，併為這個機遇奠定了基石。

可見，不輕易屈服於困境，使之成為打磨自己的試金石，機遇便會從中誕生。很多人與成功失之交臂，並非他們缺少才智，而是他們缺乏變困難為機遇的勇氣、眼界。

當我們身處困境時，一定要保持高昂的鬥志，不能焦躁不安、驚慌失措，要保持鎮定，透過逆向思維挖掘其中的機遇，在奮鬥中迎接下一個順境的到來。

格布雷西拉西耶小的時候每天腋下夾著課本，赤腳跑步十公里上學和回家。貧窮的家境使他不可能坐車去上學。如今，這位曾經夾著課本跑步上學的小男孩在世界長跑比賽中，先後十五次打破世界紀錄，成為當今世界上最優秀的長跑運動員之一。

他總是說：「我要感謝貧困，因為貧困，我別無選擇，只好跑步上學。」正是跑步上學，使他成為一名優秀的長跑運動員。

3.

失敗是一種讓人承擔更大責任的準備

失敗是每個人都不想要的結果，但是換個角度來看，失敗又是一種讓人承擔更大責任的準備。從這個意義上說，失敗就是自己成功的重要機遇和累積。

艾麗斯是一個普通的女孩，她高中畢業後沒有考上大學，在自己生活的鎮子上做了一名小學教師。結果，不到一星期就回了家。母親安慰她：「滿肚子的東西，有的人倒得出來，有的人倒不出來，你不會教書不要緊，也許有更合適的事情等著你去做。」

後來，艾麗斯先後當過紡織工，做過市場管理員，做過會計，但是無一例外都半途而廢了。然而，每次艾麗斯失敗回來，母親總是安慰她，從來沒有抱怨的話。

三十歲的時候，艾麗斯做了聾啞學校的一位輔導員，後來又自己創辦了一家特殊教育學校，並且在許多城市創辦了殘疾人用品連鎖店，有了自己的一片天地。有一天，功成名就的艾麗斯問母親：「那些年我連連失敗，自己都覺得前途非常渺茫，可你為什麼總對我那麼有信心呢？」母親的回答樸素而簡單：「一塊地，不適合種麥子，可以試試種豆子；豆子也種不好的話，可以種瓜果；瓜果也種不好的話，也許能種蕎麥。總會有一粒種子適合它，也總會有屬於它的一片收成。」艾麗斯感動得熱淚盈眶。

母親的回答不僅表現出了身為母親對孩子的信任和鼓勵，還道出了失敗是一種嘗試，是一種將要給予失敗者應對更大挑戰、承擔更大責任的準備的道理。

事實確實如此，每個人都有自己的生命軌跡、使命和定位。只是每個人的生命都是在尋找自己準確定位的過程，這一過程中難免碰壁，難免遇到挫折和失敗。但這一切都是為了找準自己的使命所做的準備。

有一個美麗的花園，椰子、櫻桃、蘋果、玫瑰等幸福地生活在這裡。花園裡的所有成員都是那麼快樂，唯獨一棵小橡樹愁容滿面。可憐的小傢伙被一個問題困擾著，那就是，它不知道自己是誰。

蘋果樹認為它不夠專心：「如果你真的努力了，一定會結出美味的蘋果，你看多容易！」玫瑰花說：「別聽它的，開出玫瑰花來才更容易，你看多漂亮！」失望的小樹按照它們的建議拚命努力，但它越想和別人一樣，就越覺得自己失敗。

一天，鳥中的智者雕來到了花園，聽說了小樹的困惑後，它說：「你別擔心，你的問題並不嚴重，地球上的許多生靈都面臨著同樣的問題。我來告訴你怎麼辦。你不要把生命浪費在變成別人希望你成為的樣子，你就是你自己，你要試著了解你自己，要想做到這一點，就要傾聽自己內心的聲音。」說完，雕就飛走了。

小樹自言自語道：「做我自己？了解我自己？傾聽自己內心的聲音？」突然，小樹茅塞頓開，它閉上眼睛，敞開心扉，終於聽到了自己內心的聲音：「你永遠都結不出蘋果，因為你不是蘋果樹；你也不會每年都開花，因為你不是玫瑰。你是一棵橡樹，你的命運就是要長得高大挺拔，給鳥兒們棲息，給遊人們遮陰，創造美麗的環境。你有你自己要承擔的重要責任！」小樹頓覺渾身上下充滿了力量和自信，它開始為實現自己的目標而努力。很快，它就長成了一棵大橡樹，填滿了屬於自己的空間，贏得了大家的尊重。此時，小樹得到了真正的快樂。

雖然，這棵小樹在沒想清楚之前，曾幻想和要求自己結出蘋果、開出玫瑰花，走了很多彎路，經歷了很多失敗，但是最終表明：這些失敗的經歷使小樹明白了自己要承擔的重要責任是什麼，那些失敗也就成了小樹能否承擔重要責任的累積和準備。

生命是一個過程，而失敗不過是過程中的一個小小的片段。就像是人在旅途中，車輛或者輪船隻不過是到達風景區的一種手段，總不能因為某一輛車的拋錨而停下自己前行的腳步吧？一旦在這時停下自己的腳步，就意味著自己放棄了承擔更重要責任的機會和權利。相信你一定不會是那個選擇自願放棄的人。

「一塊地，不適合種麥子，可以試試種豆子；豆子也種不好的話，可以種瓜果；瓜果也種不好的話，也許能種蕎麥。總會有一粒種子適合它，也總會有屬於它的一片收成。」

4.

如果你盡力而為，失敗並不可恥

什麼是成功？什麼是失敗？這是很多人都困擾的問題。我們經常能夠看到現實生活中或者是影視劇中的一些情景：某個人或團隊，在對公司來說至關重要的一次競標中，做了大量的準備工作，之後得出一份十分完美的競標數據和設計創意；而另一個人或團隊，在進行了一番努力後還是沒有得到很好的結果，但是他們採用非正常的手段得到了對手的商業機密，並在最後的競標中勝出。那麼，誰會認為後者是成功者，而前者是失敗者呢？對於前一團隊來說，即使他們始終不知道自己是因為洩密導致的競標失敗，也不應該以失敗者自居，因為他們盡力了。盡力而為，即使失敗也不可恥。

成功意味著什麼？成功學家卡爾博士認為：「成功意味著許多美好、積極的事物。成功意味著個人的興隆 —— 享有好的住宅、假期、旅行、新奇的事物、經濟保障，以及使你的小孩能享有最優厚的條件。成功意味著能獲得讚美，擁有領導權，並且在職場與社交圈中贏得別人的尊寵。成功意味著自由 —— 免於各種煩惱、恐懼、挫折與失敗的自由。成功意味著自重，能追求生命中更大的快樂和滿足，也能為那些依賴你維生的人做更多的事情。」

的確，成功意味著很多很多東西，並且根據每個人不同的理解，上面的表述還可以無限地延長下去。但是究其本質，成功是什麼呢？

成功其實包含兩方面的含義：一是社會承認了個人的價值，並給予個人相應的酬謝，如金錢、地位、房屋、尊重等；二是自己承認自己的價值，從而充滿自信、充實感和幸福感。

但是人們往往忽略了成功的後一種含義，認為只有在社會承認我們、他人尊敬我們時，我們的人生才算成功，只有在鮮花和掌聲環繞著我們時，才算是到了成功的時刻。而僅僅自己認為自己成功不僅沒有意義，還有狂妄自大的嫌疑。

實際上，一個人只有在對自己有較高評價並認為自己一定會成功時，他才可能真正成功。這中間的道理也很簡單，那就是人不可能給別人自己沒有的東西。如果一個人覺得自己的生命沒有價值，那麼又怎麼可能給社會創造價值並最終得到社會的承認呢？

貝爾納是法國的一位著名作家。他一生中創作了大量的小說和劇本，在法國影視史上占有特別的地位。有一次，法國一家報紙進行了一次有獎智力競賽，其中有這樣一道題目：「如果法國最大的博物館羅浮宮失火了，情況只允許搶救出一幅畫，你會搶哪一幅？」結果在該報收到的成千上萬個回答中，貝爾納以最佳答案獲得該題的獎金。他的回答是：「我搶離出口最近的那幅畫。」多麼精闢而智慧的回答！

貝爾納之所以獲得那道題的金獎，是因為他注重的是盡力而為，而不是所謂「英雄主義」的蠻幹。試想，倘若羅浮宮真的著了火，大家都朝著《蒙娜麗莎》那樣的名畫而去，那麼也許最後被搶救出來的畫就只有貝爾納的「接近出口」的，但並不是最名貴的那幅畫了。這說明：盡力而為就是成功，並不一定非要取得舉世矚目的成就。從另一個角度說，盡力而為的失敗也並不可恥。

成功不是衡量人生價值的最高標準，比成功更重要的是，一個人要擁有充實的內在，有自己的真性情和真興趣，有自己真正喜歡做的事。只要你有自己真正喜歡做的事，你就能在任何情況下都感到充實和踏實。那些僅僅追求外在成功的人，實際上是沒有自己真正喜歡做的事的，他們真正喜歡的只有名利，一旦在名利場上受挫，內在的空虛就暴露無遺。照我的理解，把自己真正喜歡做的事做好，盡量做得完美，讓自己滿意，這才是成功的真諦，如此感到的喜悅才是不攙雜功利考慮的、純粹的成功之喜悅。

成功意味著什麼？成功學家卡爾博士認為：「成功意味著許多美好積極的事物。成功意味著個人的興隆——享有好的住宅、假期、旅行、新奇的事物、經濟保障，以及使你的小孩能享有最優厚的條件。成功意味著能獲得讚美，擁有領導權，並且在職業與社交圈中贏得別人的尊寵。」

照我的理解，把自己真正喜歡做的事做好，盡量做得完美，讓自己滿意，這才是成功的真諦，如此感到的喜悅才是不攙雜功利考慮的、純粹的成功之喜悅。

5.

若能將人推出自滿的椅子，失敗則是一種福氣

自滿，常常會使人停滯不前，不思進取；自滿，是每個人事業上的「絆腳石」；自滿，更是一個人原地踏步、即將落伍的訊號！

鯛魚和蠑螺都生活在大海深處，有一天，它們在海中不期而遇。蠑螺有著堅硬無比的外殼，鯛魚在一旁讚嘆：「蠑螺啊！你真是了不起呀！一身堅硬的外殼，一定沒人傷得了你。」蠑螺也覺得鯛魚所言甚是，正洋洋得意的時候，突然發現敵人來了。鯛魚說：「你有堅硬的外殼，我沒有，我只能用眼睛看個清楚，確認危險從哪個方向來，然後決定要怎麼逃走。」說著，鯛魚便「咻」的一聲遊走了。此刻呢，蠑螺心裡在想：「我有這麼一身堅固的防衛系統，沒人傷得了我啦！我還怕什麼呢？」便靜靜地等著。蠑螺等呀等的，等了好長一段時間，也睡了好一陣子了，心裡想：「危險應該已經過去了吧。」於是，它就想探出頭透透氣。它剛冒出頭來一看，立刻扯破喉嚨大叫起來：「救命呀！救命呀！」此時，它正在水族箱裡，外面是大街，而水族箱上貼著的是：

「蝶螺十元一斤。」蝶螺的自我感覺良好，這種自滿的心態將它送進了水族箱。自滿的危害可見一斑。

身在職場，最忌諱的就是驕傲自滿，加里的經歷就說明瞭這一點。

加里在大學畢業後進入一家研究所工作。他的博士頭銜成了這家研究所最高的學歷，於是他經常在工作中表現出自滿的情緒。有一天他到公司後面的小池塘去釣魚，正好正副所長在他的一左一右，也在釣魚。「聽說他倆也就是專科生學歷，有什麼好聊的呢？」這麼想著，他只是朝兩人微微點了點頭。不一會兒，正所長放下釣竿，伸伸懶腰，蹭蹭蹭從水面上如飛似的跑到對面上廁所去了。加里博士眼睛睜得都快掉下來了：「不會吧？在水上走路！」正所長上完廁所回來的時候，同樣也是蹭蹭蹭地從水上飄回來了。「怎麼回事？」加里剛才沒去打招呼，現在又不好意思去問——自己是博士呀！

過了一會兒，副所長也站起來，走了幾步，也邁步蹭蹭蹭地漂過水麵上廁所了。這下子加里博士更是差點兒昏倒，摸不到頭腦。

又過了一會兒，加里博士也想去上廁所。這個池塘兩邊有圍牆，要到對面廁所非得繞十分鐘的路，而回公司上又太遠，怎麼辦？加里博士也不願意去問兩位所長，憋了半天后，於是也起身往水裡跨，心想：「我就不信這專科生學歷的人能過的水面，我博士不能過！」只聽「撲咚」一聲，加里栽到了水裡。兩位所長趕緊將他拉了出來，問他為什麼要下水，他反問道：「為什麼你們可以走過去，而我就掉水裡了呢？」兩位所長相視一笑，其中一位說：「這池塘裡有兩排木樁子，由於這兩天下雨漲潮，樁子正好在水面下。我們都知道這木樁的位置，所以可以踩著樁子過去。既然你不知道這個情況，為什麼不請教一下身邊的人呢？」

任何人都不喜歡驕傲自大的人，這種人在與他人合作中也不會被大家認可。你可能會覺得自己在某個方面比其他人強，但你更應該將自己的注意力放在他人的強項上，只有這樣，你才能看到自己的膚淺和無知。加里的自滿，使自己在初入職場時就給大家留下了不好的印象，對以後的工作開展很不利。

既然自滿有這麼多的危害，那麼怎樣才能戒除自滿呢？唯有失敗，只有失敗才能使自滿的人醍醐灌頂，才能被推出自滿的椅子。自滿的人遭遇到了失敗，如果能因此認識到自滿給自己帶來的危害，從而勉勵自己做更多的事情，這也未嘗不是一件好事。

鯛魚和蠑螺都生活在大海深處，有一天它們在海中不期而遇。蠑螺有著堅硬無比的外殼，鯛魚在一旁讚嘆：「蠑螺啊！你真是了不起呀！一身堅硬的外殼，一定沒人傷得了你。」蠑螺也覺得鯛魚所言甚是，正洋洋得意的時候，突然發現敵人來了。鯛魚說：「你有堅硬的外殼，我沒有，我只能用眼睛看個清楚，確認危險從哪個方向來，然後決定要怎麼逃走。」說著，鯛魚便「咻」的一聲遊走了。此刻呢，蠑螺心裡在想，我有這麼一身堅固的防衛系統，沒人傷得了我啦！我還怕什麼呢？便靜靜地等著。蠑螺等呀等的，等了好長一段時間，也睡了好一陣子了，心裡想：危險應該已經過去了吧。於是，它就想探出頭透透氣。它剛冒出頭來一看，立刻扯破喉嚨大叫起來：「救命呀！救命呀！」此時它正在水族箱裡，外面是大街，而水族箱上貼著的是：「蠑螺十元一斤。」蠑螺的自我感覺良好，這種自滿的心態將自己送進了水族箱。自滿的危害可見一斑。

6.

了解失敗和挫折的極大差別，才能成功

每個人的人生都像是一片未開墾的田野，一條未明朗的道路，其間必然充滿荊棘，暗藏陷阱。有些人遇到荊棘、碰到陷阱就覺得自己已經失敗了，甚至連剩下的人生都給放棄了，這種人的錯誤在於根本不了解失敗與挫折之間的關係，更不善用挫折取得成功。

一個人在工作、生活中總會遇到各種大大小小的挫折，比如，你的想法得不到上司的支持，公司裡有人阻撓你的工作，當你試圖主動提案時，總是遭到失敗等。這些都是每個在職場上奮鬥的人幾乎都經歷過的挫折，是很難避免的。消除這些挫折是不可能的，如何面對挫折，在挫折面前昂起頭來，才是你應該好好思考的問題。

但很多人心態薄弱、意志力較差，經不起一點點的挫折。在工作時，遇到挫折，就對自己失去了信心，認為自己不行，一天到晚愁眉不展，怨天尤人，根本無法振作精神，即使有好機會使問題出現轉機，也被這拉長的苦臉嚇跑了。如果你一直這樣消沉下去，到最後就會對自己越來越沒信

心，越來越失望。最後自己也認為自己一無是處了，甚至自暴自棄。

愛因斯坦出生在德國的烏爾姆，這是一個小城。愛因斯坦的一生似乎都與挫折相伴：三歲才咿呀學語。比他小兩歲的妹妹已經能流利交談了，他卻還是支支吾吾，前言不搭後語……十歲時，他才去上學。可是，在學校裡，他受到了老師和同學的嘲笑，大家都稱他為「笨傢伙」。學校要求學生上下課都按軍事口令進行，愛因斯坦由於反應遲鈍，經常被老師喝斥、罰站。

一次工藝課上，老師從學生的作品中挑出一張做得很不像樣的木凳對大家說：「我想，世界上也許不會有比這更糟糕的凳子了！」在鬨堂大笑中，愛因斯坦紅著臉站起來說：「我想，這種凳子是有的！」說著，他從課桌裡拿出兩個更不像樣的凳子，說：「這是我前兩次做的，交給您的是第三次做的，雖然還不行，卻比這兩個強得多！」一口氣講了這麼多話，愛因斯坦自己也感到吃驚。老師更是感到吃驚，因為他從未見過這樣的孩子。

在這樣的磕磕絆絆中，愛因斯坦還是慢慢地長大了，並進入慕尼黑的一所中學學習。在中學裡，他喜愛上了數學課，卻對其餘那些脫離實際和生活的課不感興趣。孤獨的他開始在書籍中尋找寄託，尋找精神力量。就這樣，愛因斯坦在書中結識了阿基米德、牛頓、笛卡爾、歌德、莫札特……

書籍和知識為他開拓了一個更廣闊的空間。視野開闊了，愛因斯坦頭腦裡思考的問題也就多了。

一天，他對經常輔導他數學的舅舅說：「如果我用光在真空中的速度和光一起向前跑，能不能看到空間裡振動著的電磁波呢？」舅舅用異樣的目光盯著他看了許久，目光中既有讚許，又有擔憂。因為他知道，愛因斯坦提出的這個問題非同一般，將會引起出人意料的舉動。此後，愛因斯坦一直被這個問題苦苦折磨著。

一八九五年秋天，愛因斯坦經過深思熟慮，決定報考瑞士蘇黎世大學。可是，他卻失敗了 —— 他的外文不及格。落榜後的他沒有氣餒，參加了補習。一年以後，他終於考入了蘇黎世聯邦理工學院。這時的他，已經在為自己的未來做準備了。他把精力全部用在課外閱讀和實驗室裡。教授們見他總是把精力投入到課程以外的東西，覺得他是「不務正業」的學生。

愛因斯坦大學畢業時，因為經濟危機、自己的猶太血統和沒關係、沒錢等原因，失業在家。為了生活，他只好到處張貼廣告，靠講授物理獲得每小時三法郎的報酬以維持生活。這段失業的時間，給了愛因斯坦很大的幫助。在授課過程中，他對傳統物理學進行了反思，促成了他對傳統學術觀點的猛烈衝擊。經過高度緊張、興奮的五個星期的奮鬥，愛因斯坦寫出了九千字的論文《論動體的電動力學》，狹義相對論由此產生。這一促進物理學向前邁進的里程碑事件，使今天地球上的人類還深深地敬仰這位偉大的科學家。

即使這樣，還是有許多人反對愛因斯坦，甚至還發表文章批評他。但是，愛因斯坦畢竟還是得到了社會和學術界的重視。在短短的時間裡，竟然有十五所大學給他授予了博士證書，法國、德國、美國、波蘭等許多國家的著名大學也想聘請他做教授。當年那個不被老師、同學看好的「笨東西」，終於成了全世界公認的當代最傑出的科學家之一。

誰會想到愛因斯坦的成長會經歷如此多的挫折：小時候說話不清楚，上學後學習不靈光，中學畢業大學落榜，大學畢業即失業……但是今天誰也不能說愛因斯坦是失敗者。因為挫折是挫折，失敗是失敗，兩者之間有著極大的差別，不能混同。挫折常有，失敗也常有；在挫折面前倒下去的人常有，失敗者也因此常有；在挫折面前披荊斬棘的人常有，遠離失敗者也因此常有。你是那個披荊斬棘的成功者嗎？如果不是，要堅強起來，因為戰勝無數的挫折就會遠離失敗；在一次挫折面前倒下，你就會成為不折不扣的失敗者。

失敗跟挫折的差別，好比跑步比賽中，跌倒了，再爬起來繼續跑，這次的跌倒就只是一個挫折；跌倒了，無法爬起來繼續跑，這次的跌倒就是一個徹底的失敗。

第六章
語言，是商業菁英必修的一門課

POINT⑥ 思考

一個人身處職場，語言是十分關鍵的溝通技巧，假如言語得體，你便會獲得他人的好感，贏得大多數人對你的喜愛；否則，你的職場就必然充滿灰色調，工作和生活都無法感受到快樂的陽光。

1.

別人會從你所說的每一個字，了解你的分量

在熱播的諜戰片中，很多對白都暗藏玄機，每一句問話和每一句回答都有可能使自己暴露在敵人的槍口下。其實在日常的工作和生活中，這也並不是那麼的駭人聽聞，每個人說話都要小心，因為你的每一句話都能讓聽者了解到你所知內容的多寡。

言必契理，言可承領，言則信用。語言是傳達感情的工具，也是溝通思想的橋樑。「一句話能把人說跳，一句話也能把人說笑」。有的人善於用語言來表達情意，一席話就能使人心情舒暢，有的人則不善於以語言來表達，一講話就使人誤解，俗話說「好話一句三冬暖，惡語傷人六月寒」。因此，要想在人際交往中應對自如，就應該懂得說話的藝術。

俗話說「飯可以亂吃，但是話不可以亂說」，這句話說得不僅有道理，還非常符合科學精神，因為每一句話只要從嘴巴裡說出來之後就會具有力量，如果忽略了語言的力量，

小則會因此生成爭執而破壞人際關係，或是因溝通不良而失去成交的機會；大則會失去整個人生，這之間的利害關係有很多人一輩子都沒有注意過。

人生不是天注定，當然也不是沒有機會讓你去大展身手，其實在平常習慣性的語言當中就已經決定了一生。

一個人身處職場，語言是十分關鍵的溝通技巧，假如你言語得體，你會獲得他人的好感，贏得大多數人對你的喜愛；否則，你的職場就必然充滿灰色調，工作和生活都無法感受到快樂的陽光。

職場人士大多數時間都待在辦公室裡，同事每天見面的時間最長，談話可能涉及工作以外的各種事情，「講錯話」常常會給你帶來不必要的麻煩。同事與同事間的談話，如何掌握分寸就成了人際溝通中不可忽視的一環，因此要多加注意：

1.辦公場所不可互訴衷腸。	有許多愛說、性子直的人，喜歡向同事傾吐苦水。雖然這樣的交談富有人情味，能使你們之間變得友好親密，但是研究調查指出，只有不到百分之一的人能夠嚴守秘密。所以，當你的個人危機如失戀、婚外情等發生時，你最好不要到處訴苦，不要把同事的「友善」和「友誼」混為一談，以免成為辦公室注目的焦點，也容易給老板造成「問題員工」的印象。

2.在辦公場所辯論暗藏隱患。	有些人喜歡爭論，且一定要勝過別人才肯罷休。假如你實在愛好並擅長辯論，那麼建議你最好把此項才華留在辦公室外去發揮，否則，即使你在口頭上勝過對方，但其實你是損害了他的尊嚴，對方可能從此記恨在心，說不定有一天他就會用某種方式還以顏色。
3.辦公場所不需要「小喇叭」。	小喇叭，就是把別人背後說的話或者閒言碎語到處散播。有時，你可能不小心成為「放話」的人;有時，你也可以是別人「攻擊」的對象。那些「小喇叭」散播的內容，比如老板喜歡誰？誰最吃得開？誰又有緋聞等，就像噪音一樣，影響人的工作情緒。聰明的你，要懂得，該說的就勇敢地說，不該說的就絕對不要亂說。
4.辦公場所的炫耀之辭只會招來嫉恨。	有些人喜歡與人共享快樂，但涉及你工作上的信息，譬如，即將爭取到一位重要的客戶，老板暗地里給你發了獎金等，最好不要拿出來跟別人炫耀。只怕你在得意忘形中，忘了有某些人眼睛已經發紅。

作為公司的員工，一定要按照上述的方式管好自己的嘴，以防禍從口出。作為公司的領導者，說話就更要講求水準，特別是對待下屬的時候。

作為公司的上司，在你跟下級說話時，避免做否定的表態：「你們這是怎麼辦事的？」「有你們這樣做工作的嗎？」這些話會使對方產生壓抑感，而且會對你採取敬而遠之的迴避方式，這對你搞好同事之間的關係十分不利，也會對你開展工作造成負面的影響。當在一定場合有必要發表評論時，要善於掌握分寸。點個頭、搖個頭都會被人當成是你的「指示」而被下屬貫徹下去，因此，輕率的表態或過於絕對的評價都容易引發失誤。

總之，說話容易，因為基本上兩歲以上的孩子都會說話，但是「會說話」，可不是一種容易的事。著名成功學家林道安說：「一個人不會說話，那是因為他不知道對方需要聽什麼樣的話；假如你能像一個偵察兵一樣看透對方的心理活動，你就知道說話的力量有多麼巨大了！」的確，「說話的力量」是巨大的，學會說話必然會對自己的職場之路大有裨益。

2.

▶ 你怎麼說和你說什麼同樣重要

常言道：會做的不如會說的。這就是告訴我們會說話的重要性。說話的技巧往往能夠造成事半功倍的效果。

工作幾十年的理髮師精心栽培了一個徒弟，準備讓他接自己的班。三個月後，徒弟學藝完成，這天正式上工，他給第一位顧客理完髮，顧客照照鏡子說：「頭髮留得太長。」徒弟不語。師傅在一旁笑著解釋：「頭髮長，使您顯得含蓄，這叫藏而不露，很符合您的身分。」客人聽了，高興而歸。

緊接著，第二位顧客進門了。徒弟給第二位顧客理完髮，顧客照照鏡子說：「頭髮剪得太短。」徒弟無語。師傅笑著解釋：「頭髮短，使您顯得精神、樸實、厚道，讓人感到親切。」第二位顧客在這樣的讚美聲中欣然離去。

徒弟又完成了為第三個顧客提供的服務，並主動徵求了顧客對自己服務的意見。顧客一邊交錢一邊笑道：「花時間挺長的。」徒弟無言。師傅笑著解釋：「為『首腦』多花點時間很有必要，您沒聽說『進門蒼頭秀士，出門白面書生？」顧客點頭稱道，表示下次還會光顧。

為第四位客人理完髮，還沒來得及徵求意見，顧客就一邊付款一邊笑道：「動作挺俐落，二十分鐘就解決問題。」徒弟不知所措，沉默不語。師傅笑著「搶答」：「如今，時間就是金錢，『頂上功夫』速戰速決，為您贏得了時間和金錢，您何樂而不為？」顧客聽了，覺得很有道理。

忙碌的一天結束了。徒弟怯怯地問師傅：「您為什麼處處替我說話？反過來，我沒一次做對過。」師傅寬厚地笑道：「其實，每一件事都包含著雙重性，有對有錯，有利有弊。我之所以在顧客面前鼓勵你，作用有二 —— 對顧客來說，是討人家喜歡，因為誰都愛聽好聽的話；對你而言，既是鼓勵又是鞭策，因為萬事開頭難，我希望你以後把事做得更加漂亮。」徒弟很受啟發，並在日後的工作中越做越好。

有句話叫「會說話，當錢花」，就是強調會說話的重要性。工作中，我們每天都要與各色各樣的人打交道，學習一些說話的技巧，可以化解矛盾，贏得友誼，得體的語言是人際交往中不可缺少的潤滑劑。

語言是一把雙刃劍，用好了既能提升自己的形象，又能愉悅別人，密切彼此的關係；用不好則傷人害己，後患無窮。因此，說話的技巧、交談的基本原則就要略知一二：

1.給對方說話的機會。	在與人談話時，口齒伶俐雖然是件好事，但是，如果獨自一人滔滔不絕地大發議論，會讓聽眾感到枯燥無味。談話是不該一個人唱獨角戲的，要使參與談話的人均有機會發表自己的觀點。
2.說對方感興趣的話。	談話的內容，應該盡可能選擇在座人士喜歡聽的話題，或是聚會的主題。這是建立良好人脈關系不可或缺的技能。自己無須去扮演各種場合的氣氛營造者，只需配合周圍環境即可。
3.不以談論自己為重點。	在眾人聚會的場合裡，最糟的莫過於將所有的話題都放在自己身上。這點應極力避免。無論是多麼出眾的人，只要是談論自己，腦海自然而然地便讓虛榮心與自尊心給盤踞了，如此一來，必將引起眾人的不快。
4.切忌自我吹噓。	用與本人全然無關的事大肆吹噓，只會暴露自己缺少內涵的缺點罷了。這樣做反而無法獲得預期的效果，旁人對自己的評價反而會一落千丈。
5.尊重他人。	談話間，對於他人的醜聞，自己不可熱衷，更不應加以傳揚，這種行為絕對是有百害而無一利的。如果是無中生有的中傷，更會對當事人造成莫大的傷害。

以上講述的只是與人交談的基本原則。它們看似簡單，卻不能不引起你的重視，否則你就可能因「失言」而後悔，甚至造成巨大的遺憾。

總之，說話要注意言之有物，更要注意言之有方。說話之前，先要看準時機，該說的時候說，不該說的時候不說；還要看看說話的對象是誰，自己要用怎樣的語氣、怎樣的內容開始這次談話，這是正確運用語言的力量的必要前提。

3.

人們在有所求時，語氣特別不同

無所顧忌的說話方式，說話百無禁忌、口不擇言，以至於語氣生硬，甚至出語傷人，談話的效果自然不好。這個時候，我們就要考慮改變一下說話方式，換一種語氣。

在我們對人有所求時，就不能用指令性的語言、語氣，這樣往往對方都不會願意幫助你。其實不光是我們請求別人時要改變語氣語調，面對不同的對象、不同的事情、不同的場合以及本著不同的目的時候，我們都要改變自己的語氣語調，這實際上就是一種說話的態度。

在美國憲法的制定過程中，班傑明·富蘭克林曾做出過積極貢獻。在費城舉辦的憲法制定會議上，他曾有一場演說，取得巨大成功。之所以取得成功，是因為班傑明在面對反對派時，能夠注意說話的語氣語調，充分利用語言的藝術博得滿堂喝采。

美國是一個多宗教、多種族的國家，在憲法制定的過程中，不同種族的派別對立現象十分嚴重。在一次關於憲法的會議上，會場上贊成派與反對派間的爭辯相當激烈，而其中亦不乏情緒激動者的人身攻擊言論，整個會議眼看就要失控。身為贊成派的富蘭克林準備上臺演說時，反對派人士也不斷對他喝倒彩。可是當他一開口說話，原本混亂的會場立刻鴉雀無聲。富蘭克林的第一句話是：「各位，對於這個憲法，坦白說，我自己也並非雙手贊成。」身為贊成派主腦之一的他竟然說出這種話，反對派人士著實吃了一驚，馬上停止了喝倒彩，進而仔細聆聽演說。富蘭克林一邊慢慢地觀察適當的時機，一邊說道：「但是我也不能說自己完全不贊成，我想大家應該都和我一樣，只是對於一些小細節有不同的看法吧。在此，就讓我們一起反省自己的想法是否真的完全沒錯，再共同簽下這份草案的同意書吧。」在富蘭克林的「策略」下，現場的強硬派開始理性思考憲法制定過程中涉及的問題，強硬的態度也有所緩和。富蘭克林的這次語言藝術對憲法制定的程式造成了很好的推進作用。

身在職場的人都深有體會，在公司平常的會議上，當出席的人抽成反對和贊成兩派人馬時，往往雙方都無法傾聽對方的意見，說起話來群情激奮，大家滿腦子都在想著反對意見，因此會議的論調也就是從頭到尾的為了反對而反對。

在這種時候，與其說激動地辯說著「請聽我說完……」「我真正想說的是……」，想把對方壓制住，根本是白費力氣。而像富蘭克林的說話技巧就是最好的示範。

以退為進、以緩和的口氣博得對方的好感是至關重要的，透過類似請求的語氣，有助於在反對者內心建立一定程度的信賴感。

就像你在有求於人時，首先不能用「肯不肯幫忙」的語氣發問一樣。這樣，會使被請求的一方感到不快。因為，「肯不肯幫忙」包含兩層意思：肯與不肯。而後面一層意思明顯地表明瞭你對別人的不信任，容易使人產生誤會。即使你借到了東西，主人未必心甘情願。其次，要明確被請求對象與自己的關係，如果是好友、知心朋友，語氣可以直截了當、隨便一些，以免讓對方感到不自在；若是上級或一般朋友，就要用謙卑的語氣，隨機應變。如果實在是怕請求不成，最後事情沒有辦成還弄得雙方不愉快，為以後的交往埋下隱患，此時的請示不妨嘗試一下暗示的語氣：

1.以使用被動句的暗示方式表達請求。	通過使用被動句避免提及施事者，把有關意思表達出來，以顯得婉轉一些，往往效果更佳。
2.用自說自話的暗示方式表達請求。	使用不定代詞代替「你」或「我」把有關意思表達出來，使話語聽上去稍微平和一些。點名道姓叫人家做這做那，或者強調自己必須如何，這常常是不怎麼禮貌的，效果當然也就不好。
3.用旁敲側擊的暗示方式表達請求。	請人做事，不必都要細細講明。很多情況下，只要給對方一點兒暗示即可，這樣就顯得很自然。

4.用提供線索的暗示方式表達請求。	通過提供有關線索，間接引導對方考慮自己的請求，給自己和對方都能留下很大的餘地，常常比直接講明心願更為得體一些。
5.用預設前提的暗示方式表達請求。	通過蘊含的前提把請求暗示出來，使對方自然而然地按照自己的要求去做。
6.用輕描淡寫的暗示方式表達請求。	有意使用輕描淡寫的語言把請求的意思表達出來，使之更易接受、更有意味、效果更佳。
7.用唯一選擇的暗示方式表達請求。	借助同事反覆地把有關請求表達出來，顯得比較通情達理，聽起來非常自然。

以上只是表達請求時的一些語言技巧，如果能夠靈活掌握，不僅會促進自己各項請求的達成，還會贏得很好的人際關係。

4.

語氣委婉，別人比較聽得進去

有人認為委婉是婆婆媽媽、拐彎抹角的代言人，給人一種優柔寡斷的印象。而事實上，委婉的說話方式在闡述某些尖銳的話題時，更容易被對方接受。委婉的人常常不直接表達本意，而是透過營造氣氛，讓聽者自思其意，這樣往往更具感染力和說服力。

每個人都有著自己一系列的觀點和看法，它支撐著自己的自信，是自己思考的結果。無論是誰，遭到別人直言不諱的反對，特別是受到激烈言辭的迎頭痛擊時，都會產生敵意，導致不快、反感、厭惡乃至憤怒和仇恨。這時，人們會感到氣竄兩肋、肝火上升、血脈憤張、心跳加快，全身處於一種高度緊張狀態，時刻準備反擊。其實，這種生理反應正是心理反應的外化，是人類最本能的自我保護機制的反應。

過於直接的說話方式，往往會使對方自尊心受損，顏面盡失。因為這種方式使得問題與問題、人與人面對面地站到了一起，除了正視彼此以外，已沒有任何迴旋餘地，而且，這種方式是最容易形成心理上的不安全感和對立情緒的。一個人的反對性意見猶如兵臨城下，直指對方的觀點或方案，怎麼會使對方不感到難堪呢？特別是在眾人面前，對方面對這種已形成挑戰之勢的意見，已是別無選擇，他只有痛擊你，把你打敗，才能維護自己的尊嚴與權威，而問題的合理性與否，早就被拋至九霄雲外了，誰還有空去追究、探索其中的道理呢？

事實上，每個人都深有體會，透過間接的途徑表達自己的意見反而更容易被人接受，這大概就是古人以迂為直的奧妙所在吧！原因其實很簡單：間接的方法很容易使你擺脫其中的各種利害關係，淡化矛盾或轉移焦點，從而減少對方對你的敵意。在情緒正常的情況下，理智占了上風，對方自然會認真地考慮你的意見，不至於先入為主地將你的意見一棒子打死。

總之，學會委婉地表達自己的反對性意見，可避免直接的衝撞，減少摩擦，使對方更願意考慮你的觀點，而不被情緒所左右，更重要的是，委婉的表達方式還會化解很多尷尬和誤會，變不利局面為有利局面。

在迪士尼樂園發生過這樣一件事：某天下午，大批遊客聚集在樂園的玩具站臺前面。正當服務小姐應接不暇之時，一小孩伸手抓起一隻玩具就跑。不一會兒，小孩連同玩具被有關人員帶回來。這時，圍上來許多顧客，他們既為小孩擔心，又想看看服務員到底如何處理這件事。小孩擅拿玩具，多半是好奇，不懂事。這種情況如果說重了，怕小孩自尊心受不了，周圍人也容易打抱不平，不說吧，東西又要不回來。這真是件棘手的事。服務小姐思考片刻，面帶微笑地走到小孩身邊，拉起小孩子的手溫和地說：「小朋友，你喜歡這個玩具嗎？」「喜歡。」小孩答。「小朋友自己拿玩具好不好？」「不好。」小孩子不好意思地低下頭。「對了，以後小朋友喜歡什麼玩具就告訴阿姨，阿姨給你拿，好嗎？」「好。」小孩像什麼也沒發生過一樣將玩具遞給服務員，在他的心中，這就像是在幼稚園裡發生的平常事一樣。相信這件在別人看來性質很惡劣的事情，也不會在孩子的內心產生什麼陰影。

這件原本有些棘手的事，被樂園服務人員用親切委婉的話語和平解決，既要回了所丟失的商品，又維護了小孩的自尊心，還不失時機地對孩子進行了道德教育。她的優質服務，在顧客心中留下了美好的印象，由此也為迪士尼樂園贏得了更高的評價。

卡內基說得好：「每個人都會犯錯誤，每個人也都有自尊心，有些問題不必採用直接批評的方法，相反，採用間接的方法來指出問題，有時效果反而會更好。」

在商務活動和職場生活中，委婉的技巧更是非常重要。無論是面對顧客還是同事，顧全對方面子都最重要，特別是在對別人有反對意見時，一般更不要「直言不諱」，委婉的方式反而更加奏效。

有一位老師曾遇到過這樣一件事：下課了，一個同學向老師反映，昨天她爸爸送給她的生日禮物——一支派克鋼筆不見了。老師巡視了一下全班同學的表情，發現坐在她旁邊的學生神情驚慌、面色蒼白，於是，這位老師明白了一切。但如果當面指出，不僅沒有證據，還會傷害這位同學。於是，她想了想說：「彆著急，肯定是哪位同學拿錯了，黑色的鋼筆實在太多了，互相拿來拿去是經常發生的事。只要等會兒，他看清楚了，一定會還給你的。」果然，下課以後，這位同學就發現自己的鋼筆又回來了，不禁感嘆老師真是料事如神。

5.

口不擇言往往造成尷尬的局面

有些人性格直爽，說話喜歡直來直去、口不擇言，什麼事都愛發表評論，遇到不順眼的就要嗚上幾槍，這種人往往沒有什麼心機，與人接觸時常常掏心掏肺地以誠相待。這種愛憎分明的性格是極為難得的，但是直來直去、口不擇言的做法，往往是這些人行走職場的致命傷，原因如下：

(1)口不擇言多為衝動之舉，很有可能被假象迷惑，傷人傷己。

喜歡口不擇言的人說話時常常只看到現象或問題，也常常只考慮到自己的「不吐不快」，而不去考慮旁人的立場、觀念、性格。他的話有可能是一派胡言，也有可能鞭闢入理。一派胡言的口不擇言，對方明知卻又不好發聲，只好悶在心裡；鞭闢入理的口不擇言因為直指核心，讓當事人不得不啟動自衛系統，若招抵不上，恐怕就懷恨在心了。所以，口不擇言不論是對人還是對事，都會讓人受不了，於是人際交往就出現了阻礙，別人寧可離你遠遠的，免得一不小心就要承受你的口不擇言；不能離你遠遠的，那就想辦法把你趕得遠遠的，眼不見為淨，耳不聽為靜。

(2)口不擇言的人眼不容沙的性格常常會被人利用，得不償失。

喜歡口不擇言的人一般都具有「正義傾向」的性格，言語的爆發力及殺傷力也很強，所以有時候這種人也會變成別人利用的對象，被鼓動去揭發某事的不法，去攻擊某人的不公。不管成效如何，這種人總要成為犧牲品。成效好，鼓動你的人坐享戰果，你分享不到多少；成效不好，你必成為別人的眼中釘，是排名第一的報復對象。

所以，在現實社會裡，口不擇言是一把傷人又傷己的雙面利刃，而不是一種對人對己有益無害的溝通方式。如果你是一個平時喜歡口不擇言的人，那麼你應該注意以下幾個方面：

(1)不直接指出他人的不當之處。

這是對人的方面，要注意少直言指陳他人處事的不當，或糾正他人性格上的弱點。這不是「愛之深，責之切」，而是和他過不去。而且，你的口不擇言也不會產生多少效用，因為每個人都有一個內心堡壘，「自我」便縮藏在裡面，你的口不擇言恰好把他的堡壘攻破，把他從堡壘裡揪出來，他當然不會高興！因此，能不講就不要講，要講就迂迴地講，點到為止地講，他如果不聽，那是他的事！

(2)不直接指出他事的不當之處。

這是對事的方面，要注意盡量少去批評其中的不當。事是人計劃的、人做的，因此批評「事」也就批評了「人」，所謂「對事不對人」，這只是「障眼法」。除非你力量大、地位高，否則口不擇言只會給自己帶來麻煩！如果能改變事實，則這麻煩倒還值得；如果不能，還是閉上嘴巴吧！如果非講不可，也只能迂迴地講，點到為止地講，如果沒人要聽，那是他們的事！

因此，口不擇言往往造成令人、令己尷尬的局面。在職場中口不擇言只會招來主管討厭、同事厭惡；在生活中口不擇言只會傷害家人和朋友。因此，要講求說話的藝術，衝動時告訴自己「衝動是魔鬼」，慢慢鍛鍊以理智按捺衝動的能力，會取得意想不到的效果。

有一位顧客在藥店買了八支針筒，回家後發現有一支是破的，於是就拿去換：「你好，昨天我在這裡買了八支針筒，其中有一支破的，您看……」

店主滿臉微笑，和藹地說：「好說好說，我們馬上給您換。老陳啊，你快到裡面把針筒換一換。」接著對顧客說：「對不起，請稍等一下。」

顧客換好了針筒，臨走時很客氣地說：「真謝謝你們，你們的態度真好，真會做生意。再見！」

可是，當他正要往外走時，店員老陳又把他喊住了:「喂，你等一下，我告訴你，今天算你運氣好，碰上老闆高興，以後可沒這樣的好事嘍。要是我們天天都為顧客換針筒，那生意就別做了。誰知道你的針筒是不是家裡的小孩弄破的？誰叫你買的時候不看仔細？」

口不擇言往往造成令人、令己尷尬的局面，並使人心生不悅。

6.

思考可隨心所欲，表達卻必須謹慎小心

語言是思想的反映，很多人都是心裡想什麼就說什麼。當心裡高興時，就說一些積極上進、溫和動聽的話；當心裡不高興時，就會不自覺地說一些消極刻薄、傷人傷己的話。有的人不注意這樣的事情，因此說話常不加思考，一說話就走嘴，然而說出去的話潑出去的水，對人的傷害是無法收回和彌補的。因此表達想法的語言必須要謹慎小心。

語言表達能力是現代人才必備的基本能力之一。在現代社會，由於經濟的迅速發展，人們之間的交往日益頻繁，語言表達能力的重要性也日益增強，好口才越來越被認為是現代人所必備的能力。作為現代人，我們不僅要有新的思想和見解，還要在別人面前將其很好地表達出來；不僅要用自己的行為對社會做貢獻，還要用自己的語言去感染、說服別人。

就職業而言，現代社會從事各行各業的人都需要口才；對政治家和外交家來說，口齒伶俐、能言善辯是基本的能力；商業工作者推銷商品、招徠顧客，企業家經營管理企

業，這都需要口才。在人們的日常交往中，具有口才的人能把平淡的話題講得非常吸引人，而口笨嘴拙的人就算他講的話題內容很好，人們聽起來也是索然無味。有些建議，口才好的人一說就被採納了，而口才不好的人即使說很多次還是無法獲得認同。

美國醫學會的前會長戴維·奧門博士曾經說過，我們應該盡力培養出一種能力，讓我們能夠進入別人的腦海和心靈，能夠在別人面前、在人群當中、在大眾之前清晰地把自己的思想和意念傳遞給別人。在我們這樣努力去做而不斷進步時，便會發覺：真正的自我正在人們心目中塑造一種前所未有的形象，產生前所未有的衝擊。

總之，語言能力是我們提高能力、開發潛力的主要途徑，是我們駕馭人生、改造生活、追求事業成功的無價之寶，是通往成功之路的必要途徑。語言要透過如下途徑加以鍛鍊和提高：

首先，要想說得好，先要做好基礎工作。	
1.提高自己聽的能力。	聽是說的基礎。要想會說，首先要養成愛聽、多聽、會聽的好習慣，如多多地聽新聞、聽演講、聽別人說話等，這樣你就可以獲取大量、豐富的信息。這些信息經過大腦的整合、提煉，就會形成語言智能的豐富源泉。培養聽的能力，為培養說的能力打下堅實的基礎。

2.提高自己看的能力。	多看可以為多說提供素材和示範。你可以看電影、報紙、書籍及電視中的語言節目，還可以看現實生活中各種生動而感人的對話場景。一方面可以陶冶情操、豐富文化生活，另一方面又可以讓你學習其他人說話的方式、技巧和內容。特別是那些影視、戲劇、書報中的人物對話，它們源於生活又高於生活，可以為你學習說話提供範例。
3.提高自己記的能力。	背誦不但可以強化記憶，還能訓練你形成良好的語感。建議你不妨嘗試著多背詩詞、格言、諺語等，它們的內涵豐富、文字優美。如果你背得多了，不僅會在情感上受到滋潤、熏陶，還可以慢慢形成自己正確而生動的語言。
4.提高自己想的能力。	想是讓思維條理化的必經之路。在現實生活中，很多時候我們不是不會說，而是不會想，想不明白也就說不清楚。在說一件事或介紹一個人之前，建議你認真想想事情發生的時間、地點和經過，想一想人物的外貌、特徵等。有了比較條理化的思維，你才會讓自己的語言更加條理化。

其次，表達時要遵循以下幾個原則和策略：	
1.實事求是，不要花言巧語。	說話和辦事一樣，都講究實在，不要一味追求華麗的辭藻，更不要嘩眾取寵。
2.通俗易懂，不要故作姿態。	說話要避免深奧，盡量使用大眾化的語言，像俗語、歇後語、幽默笑話等，這樣，你辦起事來可能會事半功倍。
3.簡明扼要，不要模糊不清。	說話要簡明扼要、條理清楚，不要長篇大論、言之無物，這樣，別人會聽不懂你說的話。
4.謙虛謹慎，不要「擺架子」。	假如你在言語中有「擺架子」的表現，傾聽的人會十分反感。這樣，你不但達不到說話的目的，還會影響聽話人的情緒。希望你能牢記：謙虛是說話人的美德。

認真實踐以上兩個部分，對提高你的語言思考和說話能力有著積極的作用。實踐好，鍛鍊好，相信你在以後表達想法的時候，就會少出錯、出言有益。

第七章

友善的合作，是邁向成功的快捷方式

POINT⑦ 思考

有許多人都信仰個人英雄主義，自認為憑藉自己一己之力就可以打拚天下，就可以撐起一片藍天。因此，很多人往往會忽略應有的合作意識，不善於與人合作，而只是專心致力於自己的工作。要知道『一個籬笆三個樁，一個好漢三個幫』，這是從古至今人們在生活中得出的寶貴經驗。要想成就一番大事，必須靠大家的共同努力。在現在這個競爭激烈的環境中，只靠一個人打拚天下是不現實的，我們必須要有與人團結合作的精神，才能夠集中發揮優勢，在事業上取得成功。

1.

友善的合作比煽動更得人心

在這個世界上，一個人是走不了多遠的，真正意義上的「獨行俠」只在小說和戲劇中存在。而在現實中，不管你本領多高，運氣多好，不懂得合作，就會被這個世界淘汰出局。

一個村子突遇大火，眾村民紛紛四散而逃。沒成想，只剩下一個可憐的盲人和一個癱瘓病人。盲人看不見哪裡有火，哪裡沒火，不知道該向哪個方向邁步。癱瘓病人瞪著兩眼著急，火就要燒到自己身邊了，卻無法挪動一步。後來，他們想出一個辦法 —— 盲人背起癱瘓病人，藉助癱瘓病人的雙眼看路，癱瘓病人藉助盲人的雙腿「跑路」。被人們遺忘和拋棄的盲人、癱瘓者也順利逃出了火海。

這個故事就是告誡人們，生活中，人與人之間少不了合作。因為尺有所短，寸有所長，不懂得合作不僅沒有機會雙贏，就連出路也沒有。

但是合作也是要講求方式方法的，假如我們將上面的故事戲劇化一下，也許這個合作就不會成功。假如這位盲人和癱瘓者有著不共戴天的仇恨 —— 盲人之所以失去光明，癱瘓者之所以失去行走能力，都是因為年輕時兩人的一次鬥毆。而現在為了逃命，他們不得不在一起合作，卻不能以友善的心態作為合作的前提，而是互相攻擊，互相煽動。盲人指責癱瘓者：「若不是你咎由自取，怎麼會落得今天的下場？如今還得由我揹著你逃命。」癱瘓者也不甘示弱，說：「若不是你多行不義，怎麼會什麼都看不見？現在還得借我的眼睛給你指路。」……無休止的爭吵也許會將他們逃命的寶貴時間無限地耽擱下來，從而失去逃學生的機會。因此，合作的前提是不計前嫌、真誠友善，絕不可以互相攻擊、互相煽動，那樣的合作只會是兩敗俱傷。

對於合作雙方來說，誠懇合作、友善大方是雙方合作的基本要求。每人都有不同的立場，不可能要求利益都一致。關鍵是大家都要和諧友善地、開誠布公地合作，不要委屈求全，才能為進一步合作提供發展的空間。

上世紀五十年代，美國佛雷化妝品公司幾乎壟斷了整個黑人化妝品市場。這時，有一家只有三名員工和五百美元資金的約翰遜黑人化妝品公司生產了一種粉質化妝膏，並刊登廣告 —— 當您用過佛雷公司的化妝品之後，再搽上約翰遜粉質化妝膏，您將會收到意想不到的效果。這是約翰遜多次登門拜訪佛雷化妝品公司，爭得其同意合作的結果。

佛雷並不在乎與這樣的小公司合作，但是約翰遜以不需要佛雷做出任何工作、出任何資金，只是允許自己的公司使用佛雷這個商標出現在自己的廣告詞中就可以。而且這廣告宣傳明顯有利於佛雷，卻不用花掉一分錢，何樂而不為呢？在約翰遜友善、坦誠的合作計劃面前，佛雷最後點頭同意了這個合作。但是，約翰遜的同事卻都反對為佛雷公司吹捧，約翰遜卻說：「他們的名氣大，我需要這麼做。打比方說，現在很少有人知道我叫約翰遜，但是，如果我站在美國總統的身邊，別人就會留意我，我的名字就會家喻戶曉，推銷產品也是同樣的道理。佛雷公司享有盛名，我們的產品與它的名字一起出現，看似明捧佛雷，實屬彰顯自己。」結果果然不出約翰遜所料，藉著佛雷的名氣，約翰遜的公司實力大增，最終成為稱霸黑人化妝品市場的一匹黑馬。

可想而知，如果佛雷公司一開始就看到或者預見到約翰遜的公司將會變成威脅自己的黑馬，猜想是不會與之合作的。但是約翰遜以友善、誠懇的合作態度打動了對方，因此獲得了發展自己的快捷方式。倘若，約翰遜一開始就採取高聲讚揚自己的產品而詆譭佛雷產品的方式的話，那麼結果可想而知。

禿尾鳥是鳥類大家族中一種比較特別的鳥兒。由於它腦袋大，尾巴禿，很難保持平衡。如果單獨去河邊低頭飲水，就會一頭栽進河裡。所以，這種鳥去河邊飲水都是結伴而行，一隻鳥飲水時，另一隻鳥在旁邊銜住它的羽毛，大家互相幫助。這樣幫助的結果就是大家都可以順利、安全地喝到水了。

禿尾鳥的故事使我們懂得：不懂得合作是非常危險的，不懂得友善合作更是無望的。如果不本著友善合作的態度，那麼不管是雙方的哪一方都會成為第一個被狼吃掉的羊，或最先餓死的狼。

總之，合作很重要，而友善才能使合作得到互利互惠的結果。倘若雙方只顧自己，缺乏為別人著想的合作精神，最後，只能全部陷入深淵而不能自拔。因為只有友善合作，關心他人、坦誠大方，才能獲得合作的成功。

一個村子突遇大火，眾村民紛紛四散而逃。沒成想，只剩下一個可憐的盲人和一個癱瘓病人。盲人看不見哪裡有火、哪裡沒火，不知道該向哪個方向邁步。癱瘓病人瞪著兩眼著急，火就要燒到自己身邊了，卻無法挪動一步。後來，他們想出一個辦法，盲人背起癱瘓病人，藉助癱瘓病人的雙眼看路，癱瘓病人藉助盲人的雙腿「跑路」。最後，被人們遺忘和拋棄的盲人、癱瘓者也順利逃出了火海。

生活中，人與人之間少不了合作。因為尺有所短，寸有所長，不懂得合作不僅沒有機會雙贏，就連出路也沒有。

2.

合作必須從部門主管開始，效率亦然

身在職場的人都有很深的感觸，那就是：跟隨工作效率高的主管工作，慢慢地，自己的工作效率也會變得越來越高；與自身能力高的主管一起共事，自身的能力也會得到很大的提升；與善於藉助外力、善於與人合作的主管一起奮鬥，那麼自己也會慢慢變得經常主動尋求外力即合作的機會……

因此，要充分發揮合作的作用，實現合作的目標，就必須從部門主管開始，這樣才能帶動整個部門的合作氛圍和工作效率，確保工作品質的提升。

平時喜歡去廟裡進香嗎？如果選是，那麼你對裡面的布局就應該比較清楚：一進廟門，首先是彌勒佛，笑臉迎客，而在他的北面，則是黑口黑臉的韋陀。但相傳在很久以前，他們並不在同一個廟裡，而是分別掌管不同的廟。彌勒佛個性熱情、樂觀，所以來的人非常多，但他什麼都不在乎，丟三落四，沒有好好地管理帳務，所以依然入不敷出。而韋陀雖然管帳是一把好手，但成天陰著個臉，太過嚴肅，搞得人越來越少，最後香火斷絕。佛祖在查香火的時候發現了這個問題，就將他們倆放在同一個廟裡，由彌勒佛負責公關，笑迎八方客，於是香火大旺。而韋陀鐵面無私，錙珠必較，就讓他負責財務，嚴格把關。在佛祖精心安排下，彌勒佛和韋陀分工合作，將寺廟經營出一派蒸蒸日上的景象。

在這個關於合作的案例中，佛祖這位領導深知合作的道理，也深知用人的方法，在他的推動下，這個完美的合作才得以很快實施和取得實效。因此，從領導那裡開始推進的合作，往往比下屬員工自己尋找和推進的合作效率要高，實現的可能也更大。

在工作中，人們常常會遇到一些不願合作的同事，應該怎麼辦呢？要使不合作者轉變為合作者，不僅僅是一個口頭上的說服問題，更是一個需要實際行動才能解決的問題。只有在行動上幫助不合作者，才能使不合作者成為合作者。在需要說服時，要想出比較巧妙的方法，才會取得較好的效果，而這種巧妙的辦法如果由領匯出面，往往會取得意想不到的效果。

美國某著名公司的工程師羅傑斯想在一個部門安裝一個新儀器，但是他想到那個部門的管理者一定會排斥這種做法，這次合作也許不大好爭取，因此不能簡單地將這個任務直接交給那個部門的技術人員，而是要爭取到和主管之間的合作。怎麼辦呢？羅傑斯想了很多，終於想出了一個辦法。羅傑斯是怎樣和這個部門主管打交道的呢？

有一天下午，羅傑斯去找那個部門主管，腋下夾著那個自己想更換的新式產量指數表，手裡拿著一些要徵求他意見的檔案。當他們討論檔案的有關問題時，羅傑斯把那個指數表從左腋換到右腋，又從右腋換到左腋，移換了好幾次。那個部門主管者終於開口說：「你拿的是什麼？」「哦，這個嗎？這不過是一個新的指數表。」羅傑斯漫不經心地答道。「讓我看一看。」主管說。「哦，你沒必要看的。」羅傑斯假裝要走，並這樣說，「這是給別的部門用的，你們部門用不上這種東西。」「但我很想看一看。」主管又說。於是羅傑斯又故意裝著一副勉強答應的樣子，將那指數表遞給他。當那個部門主管者審視指數表的時候，羅傑斯就假裝隨意而又非常詳盡地把這東西的效用講給他聽。那個部門主管者終於叫喊道：「誰說我們部門用不到這個東西，這正是我們尋求許久的！」

這個故事裡，工程師羅傑斯最終利用欲擒故縱的策略使不合作者成為合作者，順利地將工作向前推進了一步。而實現這個目標的前提是他深知合作需要從上層領導開始的道理，假如羅傑斯一開始就將這項任務交給那個部門的技術人員，當技術人員去更換或者去徵求部門主管更換新指數表意見時，一旦遭到部門主管的反對，那時再想去爭取與上層領導之間的合作，就變得很難了。

要想組建一個高效率的、善於與人合作的團隊，其成員必須有互助合作的能力和能力，但其領導要在善於合作上充分展示自己的能力併作出表率，竭盡所能地帶領團隊獲得成功。

羅傑斯去找那個部門主管，腋下夾著那個自己想更換的新式產量指數表，手裡拿著一些要徵求領導意見的檔案。當他們討論檔案的有關問題時，羅傑斯把那個指數表從左腋換到右腋，又從右腋換到左腋，移換了好幾次。那個部門主管者終於開口說：「你拿的是什麼？」「哦，這個嗎？這不過是一個新的指數表。」羅傑斯漫不經心地答道。「讓我看一看。」主管說。「哦，你沒必要看的。」羅傑斯假裝要走，並這樣說，「這是給別的部門用的，你們部門用不上這種東西。」「但我很想看一看。」主管又說。於是羅傑斯又故意裝著一副勉強答應的樣子，將那指數表遞給他。當那個部門主管者審視指數表的時候，羅傑斯就假裝隨意而又非常詳盡地把這東西的效用講給他聽。那個部門主管者終於叫喊道：「誰說我們部門用不到這個東西，這正是我們尋求許久的！」

3.

樂意合作能產生力量，強迫只會導致敗果

眾所周知，商場上的競爭只講利益不講情義，但如果只是單純地認為，對方受益自己就會受損是不完全正確的，這樣行事的結果往往是兩敗俱傷。為了更好地求得生存、謀得發展，我們必須要有共贏的思想把商業競爭變成一場雙方都可以獲利的競爭。與對手共贏，就是以較小的代價換取更大的利益，最簡單的技巧就是謀求合作。合作的基礎是雙方自願、樂於合作，結果是雙方共贏、利益均霑。合作必須秉承這一原則，否則一味地靠強迫促成的合作或雙方對位不平等的合作，都必將導致失敗的結果。

有三群蜜蜂分別生活在農田旁邊的三處灌木叢裡。有一天，農夫覺得這些矮矮的灌木沒有多大的用處，還不如砍掉了當柴燒。當農夫動手砍第一叢灌木的時候，住在裡面的蜜蜂苦苦地哀求他：「善良的主人，您就是把灌木砍掉了也沒有多少柴火啊！看在我們每天為您的農田傳播花粉的情分上，求求您放過我們的家吧。」農夫看看這些無用的灌木，搖了搖頭：「沒有你們，別的蜜蜂也會傳播花粉。」農夫說

完就毫不留情地將第一個灌木叢清理乾淨了，灌木叢裡的蜜蜂也失去了家園。

沒過多久，厄運又降臨到第二個灌木叢上。這時候衝出來一大群蜜蜂，對農夫嗡嗡大叫：「殘暴的地主，你要敢毀壞我們的家園，我們絕對不會善罷甘休！」農夫的臉被螫了好幾下，他一怒之下，一把火把整叢灌木燒得乾乾淨淨。當農夫把目標鎖定在第三叢灌木的時候，蜂窩裡的蜂王飛了出來，對農夫柔聲說道：「睿智的投資者啊，請您看看這叢灌木給您帶來的好處吧！您看這叢黃楊樹木質細膩，成材以後準能賣個好價錢！您再看看我們的蜂窩，每年我們都能產出很多蜂蜜，還有最有營養價值的蜂王漿，這可都能給您帶來很多經濟效益呢！」聽了蜂王的介紹，農夫忍不住吞了一口口水。農夫覺得很有道理，於是放下斧頭，與第三個蜜蜂家族做起了生意。

在這個故事中，面對強大的對手 —— 農夫，三個蜜蜂家族採取了不同的對策。第一個蜜蜂家族雖然道出了農夫與之合作的好處，但是它們沒有將其利益，特別是農夫將得到的利益闡述得很透徹，所以沒有爭取到農夫合作的意願，結果自然是因遊說力度不夠而失敗；第二群蜜蜂選擇了集體對抗，殊不知自己面對的是多麼強大的敵人，一味地對抗只能帶來毫無懸念的失敗；第三群蜜蜂也選擇了與對手合作共贏，而且將利益分析得透澈到位，從而爭得了農夫樂意合作的態度，也自然達到了保全自身的最終目的。

人本身就有趨利避害的本能，很難免俗。在職場裡，更是如此。但若想為自己爭取更多的利益，保全自己的權益，最好的辦法就是通力合作，才能增強彼此的力量。所以在職場，要學會爭取別人與自己心甘情願地合作，而不是勉強、強迫，這樣才能充分發揮每個人的長處，揚長避短，資源共享，形成合力，才能取得雙贏的效果。

在浮沉不定的職場中，爭取別人心甘情願的合作可以從以下方面入手：	
1.時刻給合作者以鼓勵。	要稱讚他取得的成果——即使是很小的成功。
2.時刻顧全合作者面子。	不讓對方感到難堪，不誇大、不苛責對方的錯誤。
3.不在背後議論合作者。	如果找不到什麼讚美的話說，那就保持沈默。
4.留意合作者的過人之處。	這樣，當你對合作者表示讚許的時候，就會有充分的理由，而不會有諂媚之嫌。
5.時常提及對方高尚的思想和動機。	誰都希望自己在別人眼中是寬宏而無私的，你可以表現出對方已經擁有了優良品質的模樣。那樣，對方會很樂意與你合作的。
6.委婉指出對方的錯誤。	堅持對事不對人，表現出自己的真心誠意，並注意說話方式、場合，切不可書面批評。

7.尊重合作者的自我感覺。	這樣更有利於鼓勵對方，也會使對方更願意與你在一起。
8.主動承認和改正自己的錯誤。	當自己犯錯誤的時候，要及時承認、道歉和改正。
9.多用請求語氣，少下命令。	這樣做，可以促進合作關系，避免引發矛盾。
10.理解、包容對方的怒火。	要試著從別人的立場上分析事情，每個人都需要發泄，寬容和理解是互利共贏的基礎。
11.多聽取對方的意見。	你要給別人訴說的機會，而自己甘做一個好的聽眾，即使對方說錯了也不要打斷，必須要讓對方相信主意來自他自己。
12.主動關心對方，幫助對方。	常常贈送一些小禮品——可以沒有任何理由的，尋找讓別人快樂的途徑。
13.出現矛盾先檢討自己。	要傾聽對方的意見，努力尋找雙方的一致之處，要用批評的眼光看待自己，向對方保證考慮他的意見，並對他給予自己的啟發表示謝意。
14.尊重對方，保持微笑。	尊重即基礎，友善是保障，這兩點是維護長久合作，使合作雙方都獲得利益的重要支撐。

4.

讓別人做得更好，同時提升自己的價值

在職場、商海中，不要因害怕別人做得更好而不加以幫助，其實，幫助別人做得更好的同時，也是在幫助自己、提升自己。這是合作帶來的雙贏效果。

這是一個關於馬和驢之間合作失敗的故事。

有一天，馱著沉重貨物的驢，氣喘吁吁地請求只馱了一點兒貨物的馬：「幫我馱一點兒東西吧。對你來說，這不算什麼；可對我來說，這是沉重的負擔，何況我們還是並肩戰鬥的戰友呀！」

馬兒拉著個臉：「還說是戰友，你就想讓我增加負擔嗎？」

沒過多久，驢過勞死了。原先由驢承擔的任務全部加到了馬的身上，馬兒也失去了與自己並肩戰鬥的戰友，為此，它懊悔極了。

在這個故事當中，馬兒不為驢兒分擔貨物，是以負擔太重為理由。也許它覺得過重的負擔會影響自己的身體健康。但是當驢兒累死以後，所有的負擔都加在了馬兒的身上，此

時的負擔顯而易見是超負荷的。如果它肯在一開始就接受驢的請求，幫助驢子分擔一部分貨物，那個時候的負擔對於兩個人來說都沒有超出負荷，對彼此都有好處。因此，馬兒選擇不幫助驢子，也就是選擇了不幫助自己。

曾經有人問比爾·蓋茲成功的祕決。比爾·蓋茲說：「因為有更多的成功人士在為我工作。」

也有學者提到過：先為成功的人工作，再與成功的人合作，最後是讓成功的人為你工作。可見，幫助別人，讓別人做得更好，實際上就是幫助自己提升，從而進一步贏得未來。幫助別人，讓別人做得更好，更多的時候就是在為自己提供後路和發展的可能。

在一場激烈的戰鬥中，上尉忽然發現一架敵機向陣地俯衝下來。照常理，發現敵機俯衝時要毫不猶豫地臥倒。可上尉並沒有立刻臥倒，他發現離他四五米處有一個小戰士還站在那兒。他顧不上多想，一個魚躍飛身將小戰士緊緊地壓在了身下。此時一聲巨響，飛濺起來的泥土紛紛落在他們的身上。上尉拍拍身上的塵土，回頭一看，頓時驚呆了：如果自己剛剛有點私心不來幫助小戰士，那麼現在也許自己只剩下一點兒小的衣服殘渣了，因為剛剛自己所在的地方已經被炸成了一片大坑。

成全別人，讓別人做得更好並不是蔑視競爭，埋沒自己，而是在成全自己。正所謂授人玫瑰，手有餘香。在幫助別人做得更好的同時，自己的內心也會產生一種由衷的幸福，而且會受到他人的尊重。而我們的熱心也會像接力棒一樣傳遞下去，在我們遇到困難和無助時，我們也會得到他人的成全，我們也能感受到自己成全別人時的那種溫暖。更重要的是，在這一過程中，自己也學到了很多知識，知道了自己在遇到此類問題時該如何解決，從而使自己在不知不覺中得到提升。

幫助別人做得更好，同時提升自己的價值，這是團隊合作中常見的事情，也是最為人稱道和欣賞的。對於團隊中的每一位成員來說，幫助其他人做到最好，對於自己來說，也是在以最好的途徑、最快的速度使自己得到提升。

人，生活在塵世中，誰都需要與他人打交道、合作。每個人遇到困難時，都迫切渴望得到別人的理解和幫助。今天對別人的支持和幫助，就是明天別人對自己的支持與幫助，只有這樣，才能使自己的能力不斷地得到鍛鍊和提升，同時也能使自己在「得道多助」的氛圍中馳騁職場。

有一個製作糕點的小商販把自己的糕點工具搬到了會展地點 —— 路易斯安那州。他的薄餅生意實在糟糕，而和他相鄰的一位賣冰淇淋的商販的生意卻好得不得了，一會兒工夫就售出了許多冰淇淋。很快，他把帶來的用來裝冰淇淋的小碟子用完了。

心胸寬廣的糕餅商販見狀，就把自己的薄餅捲成錐形，用它來盛放冰淇淋。賣冰淇淋的商販見這個方法可行，便要了大量的薄餅，大量的錐形冰淇淋進入客商們的手中。此後，薄餅的生意也越來越好。

成全別人，讓別人做得更好，並不是蔑視競爭，埋沒自己，而是在成全自己。

5.

請求比命令更能得到好的結果

當今社會強調的是民主、平等和個性，難以想像歷史上那些強制性的野蠻做法在今天還行不行得通。每個人都有感觸，如果不是在部隊裡，命令通常是不會被坦然接受的。人們願意接受請求，因為請求可以喚起參與感和合作精神。

在競爭激烈的職場，作為下屬或者員工也許覺得自己沒有發號施令的機會，也就很少涉及請求與命令的問題，但是作為管理者，對下屬下達任務，發號施令，經常被認為是很正常的事情。殊不知，無論是管理者還是普通員工，都是公司這個大集體中的一分子，彼此之間的關係實質上是一種合作關係而非絕對的領導關係。因此，在工作中，以請求的語氣要求下屬做事比直接下達生硬的命令要好得多。所以，在工作中要積極思索怎樣下達命令才會使工作順利推進呢，才能使下屬積極、主動、出色、創造性地去完成工作呢？

如果真的想與下屬之間建立和諧的、長久的合作關係，那就不能再像以前一樣說「亨利，必須在明早之前將這個客戶搞定，否則就不要做了……」，或者說「錯了多少次了！

每次都不長記性，馬上回去再重新做一份……」。

如果一直這樣，下屬一定會面色冰冷，極不情願地、充滿怨言地去處理你交給的任務，沒有積極性和主動性，只是應付而已，而非全身心地投入工作，結果自然也好不了。

如此往復，這種狀況只會每況愈下，進入惡性循環，從而影響工作，影響前途。

仔細想來，問題出在哪裡呢？原來就出自你分配任務的方式上，一味地、冰冷地命令和指責。

皮特是一個成功的銷售經理，這不僅因為他有著熟練的銷售技巧、傲人的銷售業績，還因為他能恰當處理自己與下屬的關係。當然，他也有自己的祕訣，那就是他讓每一個人都感覺到了自己的重要。作為回報，他也贏得了他們的尊敬，不是因為他命令他們尊敬他，而是他們發自內心的感受。

當初，當公司告知皮特將在六個月後提升他為行銷部的主管時，他需要在這段過渡時期內選擇一名接班人。他選中了麥克。因為他有著優異的行銷業績，並且在進入公司前曾從事過管理。在任命被宣布後接下來的兩個月裡，皮特難以置信地看著沉著、有效率的麥克慢慢地變得不可理喻。他熱衷於發號施令，並且樂此不疲，「完全不容他人置喙」。他時時刻刻提醒每一個人他是領導者。毋庸置疑，這引起了下屬銷售員們的牴觸情緒。

皮特覺得推薦接班人是自己義不容辭的責任，於是他開始思索。他也相信麥克足以勝任這個職務，只要能讓他明白他慣用的命令式的管理方法會給自己的前途惹來多大的麻煩。皮特腦中靈光一閃，決定放手一試。幸運的是，他還是麥克的老闆，一切都還來得及。接下來的三週裡，他把麥克的生活變成了煉獄。他頤指氣使，總是在任務期限的最後一分鐘才下達指令，蠻橫無禮地要求麥克一遍又一遍地重新作業。最初，麥克以為他只是在開玩笑，但是情況變得越來越糟糕。他簡直嚇破了頭，他不明白為什麼穩重、溫和的皮特會變成這個模樣。他徹底地昏頭了。最後，他忍無可忍，向皮特表示抗議。皮特要的就是這個。「那你對你的手下又怎麼樣呢？」他反問麥克。一句話解釋了一切。麥克羞愧難當，但也很慶幸，因為一切都還來得及。

很多人深信，自己是領導者就理所應當地命令下屬，使其為自己服務。但是這種指手畫腳、發號施令、頤指氣使、呼來喚去的方式，會嚴重傷害身邊的人，使自己越來越孤立！

仔細想想，無論是管理者還是下屬職員，在人格上都是平等的，要說不同只不過是分工不同、職務不同，而不是在你和他個人之間存在著什麼高低貴賤的區別。就算是「管理者」比「下屬」具有更多的權力或是其他什麼，那也是由「管理者」這個職位帶來的，而不是你自身與生俱來的！是你的這種趾高氣揚、自傲自大的態度激怒了別人，而不是工作本身使人不快！所以，你想讓別人用什麼樣的態度去完成工作，就用什麼樣的口氣和方式去下達任務。

多用「請求」，而不用「命令」。這樣，你不僅能夠給予對方自尊，而且能激發對方的自信心和積極性，從而積極主動、創造性地開展工作。即便在完成任務的過程中，你指出了不足，提出自己的見解，對方也會樂於參考、接受和改正。可以想像，在這樣的氛圍中工作，一定會讓人感到輕鬆而愉快。

如果真的想與下屬之間建立和諧的、長久的合作關係，那就不能再像以前一樣說「亨利，必須在明早之前將這個客戶搞定，否則就不要做了……」，或者說「錯了多少次了！每次都不長記性，馬上回去再重新做一份……」。

6.

你不能讓所有人喜歡你，卻能減少別人對你的討厭

身為職場人士或商業人士，免不了與人合作、與人接觸。而能否成為大家喜歡的人，對合作的順利開展至關重要，因此要時刻檢查自己，克服那些令人討厭的壞毛病。

古語雲：甘瓜苦蒂，物無全美。從理念上講，人們大都承認「金無足赤，人無完人」。正如世界上沒有十全十美的東西一樣，也不存在神通廣大的完人。但我們在認識自我、看待別人的具體問題上，仍然習慣於追求完美、求全責備，對自己要求樣樣都好，對別人也全面衡量。難道那些偉人、名人果真那麼十全十美、無可挑剔嗎？絕非如此。任何人都有其優點和缺點。

為全世界所敬仰的「發明大王」愛迪生，以自己的多項發明征服了全世界，但他在晚年卻不能接受交流電，一味地主張直流電。

電影界的泰斗、藝術大師卓別林一生創造了無數生動而深刻的喜劇形象，但他卻逆歷史潮流地反對有聲電影。

美國著名的管理學家彼得·杜拉克在《卓有成效的管理

者》一書中寫道：「倘要所有的人沒有短處，其結果最多是形成一個平庸的組織。所謂『樣樣都是』，必然『一無是處』。」才能越高的人，其缺點往往也越明顯，正所謂有高峰必有深谷。

誰也不可能十全十美，與人類現有的知識、經驗、能力的彙集相比，任何偉大的天才都不及格。每位職場人士如果只能見己之長而不能見己之短，從而著意於炫耀自己的長處而不是修正自己的短處，就會成為職場中的弱者。因此我們先要放棄自滿的想法，尋找自身的不足，並逐步將這些不足改掉，唯有如此，才能不讓團隊中的人討厭自己，使自己在團隊合作的過程中為人接受，得到更多支持和施展才能的機會。

每個人都是可以認識自己、把握自我的，自信不僅是要相信自己有能力和價值，而且也要認識到自己有缺點和不足。我們不苛求完美，所以，我們應當保持這樣一種心態和感覺：我知道自己的長處、優點，也知道自己的短處、缺點，我深知自己的潛能和心願，也看到自己的困難和局限。唯有先認清楚自己身上令人討厭的缺點，才能去改正，從而使自己的能力得到進一步提升，成為能力高而有魅力的人，這樣才能更容易得到合作者的接納。

提高自身的能力、克服自身的毛病，首先要在以下兩方面檢討自己，將這些方面可能存在的令人討厭的短處和缺點加以改進：

(1)是否充分尊重合作者的的信仰、生活習慣等，讓合作者覺得你是一個基本可以交往的人？

吉姆剛剛轉到現在的公司，就結識了部門裡最熱情的同事喬治。在進一步的交往過程中，吉姆發覺對方是一個很「花」的人，喜歡享受多姿多彩的夜生活，但是吉姆不喜歡去那種場所。一次，他請喬治吃飯，吃完飯後，對喬治說一起去一個全球最精彩、好玩的地方，而且還是二十四小時營業的，喬治的眼中立即現出渴望的光芒。然後他們一起搭上的士，直奔當地最大的書店，喬治自然很失望，但很快也就隨遇而安，高高興興地選了兩本書。後來喬治就不再要求吉姆去那些燈紅酒綠的地方了，但是比以前更樂意幫助吉姆。因為吉姆始終尊重喬治的生活態度，使對方自我感覺良好，無法不對這個新人產生好感。

這就是尊重的力量，吉姆和喬治都是非常尊重對方的，因此他們不會彼此討厭，這就為日後的合作奠定了良好的基礎。

(2)是否具備過硬的專業能力，讓合作者覺得你並不是一個令人生厭的累贅？

提高自己的專業能力，最好在某一方面成為專家，做到能人所不能，提高自己的技能等級，這樣其他合作者想討厭你都討厭不起來，因為你很優秀，這種氣質使別人對你產生了崇拜，將可能產生的厭惡抵消了。原因是人人都喜歡與優秀的人交往，渴望與比自己優秀的人才建立關係。職場中尤其如此，大家都想跟能力高的人合作，希望在那裡學到自己不會的東西，因此過硬的專業能力也能助你成為眾人喜歡的對象。

喬治一直經營著一個規模不大的工廠。有一天，一位商人送來一張大訂單。可是，他工廠的工作已經安排滿了，而訂單上要求的完成時間短得使他不太可能去接受它。可這是一筆大生意，機會太難得了。他沒有下達命令要工人們加班來趕這份訂單，只召集了全體員工，向他們解釋了具體的情況，並表明：如果能夠完成這份訂單，公司的實力和地位都將大大提升。

「誰有好辦法，告訴我應該怎麼辦，才能使我們抓住這個千載難逢的契機？」「誰能提出更加合理的時間調配方案，使我們能夠完成這份訂單呢？」

工人們經過討論，覺得一定要接下這份訂單，他們用一種「我們可以辦到」的態度爭取到了這份訂單。隨後，工人們提出了很多建議，最後喬治提出：「綜合大家的建議，我現在命令我自己第一個開始調整工作和休息時間。從今天開始，我要第一個在生產一線加班，直到這批貨物出貨。」最終，喬治和工人們如期出貨。

尊重他人，可以取得令人無法想像的優勢。

第八章
熱誠會化解生活和工作的難題

POINT⑧ 思考

我們怎樣對待生活，生活就會怎樣對待我們。心理學家史蒂芬·柯維曾告誡我們：『人們對待生活的心態是世界上最神奇的力量，帶著熱誠、激情和希望的積極心態投入到生活和工作中去，能將一個人提升到更高的境界；反之，帶著失望、怨恨和悲觀的消極心態，則能毀滅一個人』。

1.

熱誠，生命不可或缺的一部分

熱誠，是一種健康、積極的人生態度。經常聽人們抱怨說：「活著真沒意思——工作庸庸碌碌，生活平平淡淡，沒幹勁，每天無奈地重複著千篇一律的內容，渾渾噩噩地過日子，百無聊賴，乏味之極。」之所以產生這樣的消極思想，就是因為他們對工作、對生活缺乏熱誠。

熱誠，是一種寬容、陽光的道德標準。人，從本質上都是有進取心和榮譽感的，都希望能夠有所作為，在改善自身生活品質的同時，獲得社會的認可和公允的評價。但有些時候往往事與願違：你努力工作，卻沒有得到提升和獎勵；你幫助別人，卻因此惹上了麻煩；你一片好心，到頭來卻沒有好報……所有這些殘酷的現實，無形地傷害了你的尊嚴，也極大地打擊了你的善良，考驗著你的人生觀。以德報怨是世界上最美麗最崇高的道德，但做起來卻是不容易的，那是何等寬闊的胸襟啊！

熱誠，就來源於這樣坦蕩的胸懷，因為對生活充滿熱誠的人，對未來、對社會、對別人、對自己都充滿希望——

他相信，未來是充滿陽光的，社會的主流也是正義的，別人的心也是會感動的，他相信，一切都會好起來的！正如一則寓言所揭示的道理那樣：假如你對著一座大山喊：「我愛你——」大山那邊的迴音一定是「我愛你——」；相反，你如果喊的是「我恨你——」聽到的迴音一定是「我恨你——」。因此，別人對你的認識，正是由你自己所決定的。充滿熱誠地善待別人，你一定會收穫更多的熱誠，擁有更多的溫暖和友誼。

熱誠，更能激勵我們克服困難，取得事業的成功。我們每個人在成長過程中都遭遇過失敗或者挫折，或者考試落榜，或者求職碰壁，或者生意虧本，或者失戀，或者被騙……當你面臨人生的谷底時，更需要一種熱誠的鼓舞。做任何事情都不是一帆風順的，失敗了不可怕，做錯了也沒關係，跌倒了再爬起來，重要的是不能因此一蹶不振，失去信心，失去希望，失去熱情。「世上無難事，只怕有心人」，永遠保持一顆熱誠的心，能最大限度地淡化困難，發掘自身優勢，總結失敗教訓，培養智慧的頭腦，從而揚長避短，最終找到解決問題的突破口。熱誠的態度，教我們積極、達觀地看待事物，將任何經歷都當作寶貴的人生歷練，從中提煉出有意義、有價值的觀念和方法，都是於己有益的莫大收穫，這是熱誠給於我們的最大的幫助。

拿破崙·希爾小的時候，母親十分注重培養他擁有一顆熱誠的心，因為她覺得只要擁有一顆熱誠的心就會創造奇蹟。一次在一個濃霧瀰漫的夜晚，拿破崙·希爾和他母親從紐澤西乘船到紐約的時候，母親高興地說道：「這是多麼令人驚心動魄的景象啊！」「有什麼稀奇的？」拿破崙·希爾問道。母親依舊充滿熱誠：「你看那濃霧，那四周若隱若現的光，還有消失在霧中的船帶走了令人迷惑的燈光，多麼令人不可思議。」或許是被母親的熱情所感染，拿破崙·希爾也感受到厚厚的白霧中那種隱藏著的神祕。拿破崙·希爾那顆遲鈍的心得到了一些新鮮血液的滋潤，不再毫無知覺了。

母親注視著拿破崙·希爾說：「我從沒有放棄過給你忠告。無論以前的忠告你接受不接受，但這一刻的忠告你一定得聽，而且要永遠記住。那就是：世界從來就有美麗和興奮存在，它本身就是如此動人、令人神往。所以，你自己必須對它敏感，永遠不要讓自己感覺遲鈍，嗅覺不靈，永遠不要讓自己失去那份應有的熱誠。」因為失去熱誠就無法拓展想像，也就無法取得大的成就。

拿破崙·希爾一直沒有忘記母親的話，而且也試著去做，一直讓自己保持那顆熱誠的心。人的一生，事業做得最多最好的人，也就是那些成功人士，他們必定都具有這種能力和特點。即使兩人具有完全相同的能力，也一定是更具熱誠的那個人會取得更大的成就。

熱誠是一種力量，它可以催生想像，使社會的車輪不停地向前轉動，就像牛頓對蘋果落地這件小事充滿了熱誠，於是他想為什麼這個蘋果會掉向大地而不是飄向天空？一顆對普通現象充滿熱誠的心，催生了一系列想像，最後，「萬有引力」就誕生了，人類社會又向前邁進了一大步。

如果現在的你仍然沒有發現和感受到熱情所放射的能力，那麼就從明天早晨起床的那一刻開始，對自己說：「我要滿心熱誠地工作和生活。」

有個老木匠準備退休，他告訴老闆，說要離開建築行業，回家與妻子兒女享受天倫之樂。老闆捨不得他的好工人走，問他是否能幫忙再建一座房子，老木匠說可以。

但是大家都看得出來，他的心已不在工作上，他用的是不好的材料，做出的是粗糙的作品。

房子建好的時候，老闆把大門的鑰匙遞給他。

「這是你的房子，」老闆說，「我送給你的禮物。」

老木匠慚愧得無地自容。如果他早知道是在給自己建房子，怎麼會這樣做呢？

2.

▶ 當熱誠變成習慣，恐懼和憂慮便無處容身

縱觀職場和商海的成功人士，他們往往都是對事業、對生活充滿熱誠態度的人，積極思考的人，樂觀向上的人。他們以這樣的精神對待自己的人生，自然會取得輝煌的成果。而失敗者則不同，他們被人生的種種失敗、恐懼和疑慮所引導和支配。

每個人的態度都決定著自己的人生，因為：我們怎樣對待生活，生活就怎樣對待我們；我們怎樣對待別人，別人就怎樣對待我們。我們在一項任務剛開始時的態度就決定了最後成功的機率有多大。

而熱誠就是一種難能可貴的、可以支配我們命運的品質。正如拿破崙·希爾所說：「要想獲得這個世界上豐厚的獎賞，你必須將夢想轉化為有價值的熱誠，以此來發展和銷售自己的才能。」讓我們看看弗蘭克·貝特格 —— 這個著名人壽保險業務員是如何憑藉著熱誠，締造了自己的傳奇的。

「當時我剛轉入職業棒球界不久，遭到有生以來最大的打擊 —— 我被開除了。我的動作無力，因此球隊的經理有意

要我走人。他對我說：『你這樣慢吞吞的，哪像是在球場混了二十年的樣子。離開這裡之後，無論你到哪裡做任何事，若不提起精神來，你將永遠不會有出路。」原本，弗蘭克的月薪是一百七十五美元，離開之後，他參加了切斯特隊，月薪降為二十五美元，薪水這麼少，他做事當然沒有熱誠，但他決心努力試一試。待了大約十天之後，一位名叫丹尼的老隊員把弗蘭克介紹到紐黑文去。在新環境的第一天，弗蘭克就對自己說要做球隊最熱誠的球員。

在這一理念的指引下，弗蘭克像一頭雄獅上了場。一上場，他就好像全身帶電一樣。他強力地擊出高球，使接球的人雙手都麻木了。有一次，他以勇猛氣勢衝入三壘，那位三壘手嚇呆了，球漏接了，他就盜壘成功了。當時氣溫高達華氏一百度，弗蘭克在球場上奔來跑去，極有可能中暑而倒下去。連弗蘭克自己對自己的成果都感到吃驚，正是憑著這種熱誠，他的球技出乎意料的好。同時，由於弗蘭克的熱誠，其他的隊員也跟著熱誠起來。另外，弗蘭克沒有中暑，在比賽中和比賽後，他感到自己從來沒有如此健康過。

第二天早晨，他讀報的時候興奮得無以復加。報上說：「那位新加入的球員，無疑是一個霹靂球手，全隊的人受到他的影響，都充滿了活力，他們不但贏了，而且使這場比賽成為本賽季最精彩的一場比賽。」由於對工作和事業的熱誠，弗蘭克的月薪由二十五美元提高到一百八十五美元，多了七倍。在後來的兩年裡，他一直擔任三壘手，薪水加到當初的三十倍之多。這是為什麼呢？用弗蘭克自己的話說就是熱誠，沒有其他。

之後，由於傷病，弗蘭克不得不告別自己心愛的球場，他來到了一家人壽保險公司當保險員，但整整一年都沒有成績。他決定像當年打棒球一樣，對工作拿出十分的熱誠，很快他就成了人壽保險界的大紅人。

他說：「我從事推銷三十年了，見到過許多人，由於對工作保持熱誠的態度，他們的收益成倍地增加；我也見過另一些人，由於缺乏熱誠而走投無路。我堅信，熱誠是每個人、每份事業成功的最重要因素。」

可見，保持熱誠的工作態度對一個人在事業上取得成績是多麼的重要！同時，它也是人們在失意時重新崛起的重要精神支撐。

然而現實生活中，對自己的工作和所從事的事業充滿熱誠的人少之又少。看看我們的生活到底是怎樣的吧：早上醒來，一想到要去上班就心中不快，磨磨蹭蹭地挪到公司後，無精打采地開始一天的工作，好不容易熬到下班，立刻就高興起來，和朋友花天酒地之時總不忘痛陳自己的工作有多乏味、多無聊。如此週而復始。

有人猜想，美國有百分之八十二的人視工作為苦役，而且迫不及待地想要擺脫工作的桎梏。在工作環境相對開放的美國尚且如此，別的國家的情況可見一斑。

工作是一個人個人價值的展現，應該是一種幸福的差事，可是為什麼人們卻把它當作苦役呢？絕大多數的人都會回答是工作本身太枯燥了。然而實際上，問題往往不是出在工作上，而是出在我們自己身上。如果你本身不能熱誠地對待自己的工作，那麼即使讓你做你喜歡的工作，一個月後你依然覺得它乏味至極。我們大多數人都有過這樣的經歷。

IBM 前行銷副總裁巴克．羅傑斯曾說過：「我們不能把工作看作為了五斗米折腰的事情，我們必須從工作中獲得更多的意義才行。」我們得從工作當中找到樂趣、尊嚴、成就感以及和諧的人際關係，這是我們作為一個人所必須承擔的責任。

熱誠就是每個職場人員的生命，它支撐著在職場中立足和成長。

熱誠，給予我們巨大能量，增強自身能力，使自己的個性越加堅強起來。

熱誠，給予我們樂觀態度，增強自身活力，使自己有更加充沛的精力去追求自己的事業。

熱誠，給予我們巨大的吸引力，增強自己的魅力，使自己擁有良好的人際關係。

熱誠，給予我們被提拔和重用的機會，使自己能夠不斷地成長與發展。

拿破崙．希爾提出了增強熱誠之心的幾個步驟：

1. 深入了解每個問題。
2. 做事要充滿熱誠。
3. 傳播好訊息。
4. 培養「你很重要」的態度。
5. 強迫自己採取熱誠的行動。
6. 不可以把熱誠和大聲說話或呼叫混在一起。
7. 身體健康是產生熱誠的基礎。
8. 說些鼓舞人心的話。
9. 你要反省自己。
10. 要知道你是個天生的優勝者。
11. 要啟發靈感的不滿。
12. 成功的熱誠終得有行動的熱誠。
13. 用希望來激勵自己。
14. 要勇於向自我挑戰。
15. 在極端困難的條件下，要有「破釜沉舟」的勇氣。

當熱誠變成一種習慣，你便擁有了一顆熱誠的心，從此，恐懼和憂慮便離你遠去。

3.

缺乏熱誠，人生也會失去目標

熱誠的態度需要激發，而最能夠激發熱誠態度的就是明確的、遠大的目標，因為不會有人會莫名地大笑，更不會有人會無謂地揮灑自己的熱誠。

布魯斯是美國一家麥當勞的員工，每天的工作就是不停地做很多相同的漢堡，沒有什麼新意，但是他仍然非常快樂，從來都是用滿懷善意的微笑來面對他的顧客，幾年來一直如此。他的這種真摯的快樂，感染了很多人。有人不禁問他，為什麼對這樣一種毫無變化的工作感到快樂？究竟是什麼讓他充滿熱誠？布魯斯回答道：「我每天都有自己的工作目標，那就是每做出一個漢堡，就要使某些人因為它的美味而感到快樂，那我也就感到了我的作品帶來的成功，這是多麼美好的事情。我每天都為我的目標忙碌著，它使我覺得自己的工作和生活充滿生機和活力，自然就會滿心熱誠。」

這就是布魯斯的快樂傳遞法則，他快樂的心情使這家店的生意越來越好，名氣也越來越大，最後終於傳到了麥當勞公司總管的耳朵裡。布魯斯得到了總公司的賞識，成為了公司的一名管理人員。他的熱誠為自己贏得了實現更大目標的機會。

由此可見，即便你才華橫溢，但對工作沒有目標，只是停留在表面上的僱用關係，做一天和尚撞一天鐘，也就不會有工作的熱誠，越是沒有工作的熱誠就越無法確定自己工作的目標，如此往復，二者互為因果。

一個對自己工作充滿熱誠的人，無論在什麼公司工作，他都會認為自己所從事的工作是世界上最神聖、最崇高的一項職業；無論工作的困難是多麼大，或是品質要求多麼高，他都會始終一絲不苟、不急不躁地去完成，實現自己想要實現的目標。

著名的跨國企業 IBM 公司曾對人力資源有過這樣的認知：從人力資源的角度講，人們希望招到的員工都是一些對工作充滿熱誠的人，這種人儘管對行業涉獵不深，年紀也不大，但是他們一旦投入工作之中，所有工作中的難題也就不能再稱之為難題了，因為這種熱誠激發了他們身上的每一個鑽研細胞。另外，他周圍的同事也會受到他的感染，從而產生對工作的熱誠。是呀，充滿熱誠的員工才會不斷為自己確定一個又一個工作目標，而工作的熱誠又會促使一個又一個目標盡快地變成現實，這樣的員工才會不斷成長和發展。

對於一名員工來說，熱誠就如同生命。憑藉熱誠，他們可以釋放出潛在的巨大能量，發展出一種堅強的個性；憑藉熱誠，他們可以把枯燥乏味的工作變得生動有趣，使自己充滿活力，培養自己對事業的狂熱追求；憑藉熱誠，他們可以感染周圍的同事，讓他們理解你、支持你，擁有良好的人際關係；憑藉熱誠，他們更可以獲得老闆的提拔和重用，贏得珍貴的成長和發展的機會。

熱誠具有神奇的力量，有熱誠就意味著受到了鼓舞，鼓舞為熱誠提供了能量。在工作中提升熱誠是很簡單的，只要你賦予所做工作以重要性，熱誠也就隨之產生了。即使你的工作不那麼充滿魅力，但只要從中尋找到意義和目標，也就有了熱誠。

當一個人對自己的工作充滿熱誠的時候，他便會全身心地投入到自己的工作之中。這時候，他的自發性、創造性、專注精神等便會在工作的過程中表現出來，目標也就更容易實現。

雅詩 · 蘭黛已經成為當今世界各國女性奉若至寶的化妝品品牌。雅詩 · 蘭黛小姐 —— 這位當代「化妝品工業皇后」白手起家，憑著自己的聰穎、對工作和事業的高度熱誠，成為世界著名的市場推銷專才。由她一手創辦的雅詩 · 蘭黛化妝品公司，首創了賣化妝品贈禮品的推銷方式，使得公司脫穎而出，走在了同行的前列。她之所以能創造出如此輝煌的事業，不是靠世襲，而是靠自己對待工作和事業的熱誠得來的。

在八十歲前，她每天都能鬥志昂揚、精神抖擻地工作十多個小時，她對待工作的態度和旺盛的精力實在令人驚訝。今天的蘭黛名義上已經退休了，而實際上，她照例會每天穿著名貴的服裝，精神抖擻地周旋於名門貴戶之間，替自己的公司做無形的宣傳。無數的人感慨她成功的事業，但我們更要感慨她為實現成功目標所表現出的熱誠。

熱誠是高水準的興趣，是積極的能量、感情和動機。你的心中所想決定著你的工作結果，當一個人確實產生了熱誠時，你可以發現他目光炯炯，反應敏捷，性格開朗，渾身都有感染力。這種神奇的力量使他以截然不同的態度對待別人，對待工作，對待整個世界。

一個缺乏熱情的人不可能始終如一、高品質地完成自己的工作，更不可能超越現狀。如果沒有熱誠，就不可能在職場中不斷成長，就不會擁有成功的事業與充實的人生目標。因此，趕快對你的工作傾注滿腔的熱誠！

比爾·科里亞是美國猶他州的一箇中學教師，有一次，他給學生布置了一道作業，要求學生就自己的未來理想寫一篇作文。

一個名叫蒙迪·羅伯特的孩子興高采烈地寫了七大張，詳盡地描述了自己的夢，夢想將來有一天擁有一個牧馬場。他描述得很詳盡，並畫下了一幅占地兩百英畝的牧馬場示意圖，有馬廄、跑道和種植園，還有房屋建築和室內平面設計圖。

第二天，他將這份作業交給了科里亞老師。然而批改作業時，老師在第一頁的右上角打了個大大的「F」，並讓蒙迪·羅伯特去找他。

下課後，蒙迪去找老師：「我為什麼只得了F？」科里亞打量了一下眼前的毛頭小夥，認真地說：「蒙迪，我承認你這份作業做得很認真，但是你的理想離現實太遠，太不切實際了。要知道，你的父親只是一個馴馬師，連固定的住所都沒有，經常搬遷，根本沒有什麼資本。而要擁有一個牧馬場，得要很多的錢，你有那麼多的錢嗎？」科里亞老師最後說，如果蒙迪願意重新做這份作業，確定一個現實一點兒的目標，可以重新給他打分數。

蒙迪拿回自己的作業，去問父親。父親摸摸兒子的頭說：「孩子，你自己拿主意吧。不過，你得慎重一些，這個決定對你來說很重要！」

蒙迪一直儲存著那份作業，那份作業上的「F」依然很大很刺眼，正是這份作業鼓勵著蒙迪，一步一個腳印地不斷前進。多年後，蒙迪·羅伯特終於如願以償，實現了自己的夢想。

4.

一個人缺乏熱誠，人生將寸步難行

熱誠是人生活和工作的動力，人不能失去心臟，因為那是為生命提供動力的地方。同樣，人也不能失去熱誠，因為那是為精神提供動力的東西，一旦失去熱誠，人們就會像洩了氣的皮球、斷了油的汽車，寸步難行。因此，不管何時何地，你都要保持高度熱誠，最好現在就開始。

如果能很快將熱誠轉化為生活的態度，你會發現自己的生活觀念比以前更為積極，活得也更加快樂。每個人都要時時以熱誠來面對生活中所有的事，能夠讓別人看得到你發自內心的美。此刻起，開始和朋友分享你的熱誠。

阿里曾經在佛羅里達進行了一次重要的演講。因為當時冷氣有點小故障，每個人都把外套脫下來，只有阿里例外，阿里只是覺得很不舒服。阿里心想，要盡快結束演講，到海水裡尋找清涼。

演講結束後，阿里迫不及待地來到海邊盡情享受。阿里潛到水裡，當他再次浮出水面的時候，發現身旁正好有一位游泳者。他們彼此打了一聲招呼，不過，那人顯然沒有認出阿里，他問：「你今天早上有沒有參加大會？」「有呀，參加了啊。」阿里回答說。「那麼你聽了那個叫阿里的人的演說了？」「是的，聽到了。」阿里有些狐疑了。「嗯，」他繼續說，「你認為他的演說如何？」阿里也不知道該怎樣評價自己的演說，於是阿里反問：「你認為如何？我的朋友，我最好坦白地告訴你，我就是阿里。」那人當時大吃一驚，但阿里不知道他的意見究竟是什麼。他們相視一笑便開始盡情享受海水，過了一會兒，兩人都回到沙灘休息。

休息時，那個人開始對阿里說起話來。他說：「熱誠是任何人都該擁有的很重要的個性。問題是，我有時候對一項新計劃充滿熱誠，但經過一段時間，那份熱誠又開始冷卻。我似乎無法維持那份熱誠。真的，如果我不是經常這樣，我相信我在公司裡一定可以獲得提升。一個懂得工作技巧而又有經驗的人，卻經常提不起幹勁來，你想他是否有什麼毛病呢？這是一個普遍的問題。如果你有時間，能否麻煩你為我提供一些實用的建議，使我能夠產生熱誠，並且將它永遠維持下去？」

這位朋友提出的問題具有普遍性，很多人在職場上也經常遭遇這樣的困境，因為熱誠不夠，能力很強卻也難以被提拔，那麼怎麼辦才能獲得熱誠呢？看看以下這幾方面能不能幫助阿里的這位新朋友，以及跟這位仁兄有著同樣困擾的人。

1.經常採用新的思考方式。	因此，我們需要以嶄新、充沛、活潑的方式去思考。到了適當的時候，我們的腦子裡就能夠接受熱誠並永不衰減這個概念，而這種對積極原則的應用，將使熱誠永不消逝。
2.從內心將自己定位為一個嶄新的、不同的自己。	這個新人從不改變，永遠保持同一狀態，永遠有活力而且奮發向上。我們不斷把自己想像成這樣的一個人，結果就會變成這樣一個人。
3.以積極的語言，賦予自己熱誠的心。	為了提高熱誠，可以每天抽出一點兒時間，大聲說出這樣的字眼：「刺激」「有力量」「好極了」「妙極了」「棒極了」等。我承認，這個想法可能有點兒好笑，然而事實上，我們的潛意識最後會接受這些一再重覆的建議。
4.每天睜開眼睛都告訴自己「今天將是最美好的一天」。	這句話使許多人從消極的狀態轉變為不斷維持熱誠力量的狀態，將使每個人感覺喜悅，並很高興地過完這一天，有效地使自己的熱誠維持在很高的程度。

簡短的四條，不是很難落實，要是能真正地把這些維持永久熱誠的方式付諸行動，相信結果會令你十分滿意。一定要相信：熱誠是一種被激起的狂熱，是可以培養出來和維持下去的，相信誰也不想做一個沒有汽油而被閒置的汽車，更不想做一個沒有心臟的人。

5.

熱誠，使平凡的生活變得生動快樂

熱誠是一種力量，它會使一個平凡的事情或話題變得生機勃勃。因為，有了熱情才能有積極性，才會激發自己的興趣，使自己將某項事情始終堅持下來。

同樣一份職業，同一個人來做，有熱誠和沒有熱誠，效果是截然不同的；同一個話題，有熱誠與沒有熱誠，結果也是截然不同的。有熱誠，你會變得有活力，工作、生活得有聲有色，創造出許多輝煌的業績；沒有熱誠，你會變得懶散，對生活和工作都冷漠處之，潛在能力也無法發揮。

現實生活中很多人都發現了這種永不枯竭的熱誠，並且保持著這份熱誠，還有一些人學會了一種保持熱誠的技巧，而且能夠進行自我補充。他們真正懂得怎樣去保持熱誠的原則，使一切都變得生動起來。

有一位對生活充滿熱誠的老婦人。她坐在輪椅上，她的一條腿已經被鋸掉，但她很興奮地描述道，她獨自一人生活，每天都是坐在輪椅上做家務，包括使用吸塵器、準備一日三餐、鋪床疊被。一位相識不久的朋友問她：「你的生活一定遇到很多的困難。」

「只要你知道竅門，就不會有困難，而且我真的知道其中的訣竅，我並不覺得困難。雖然我身旁沒有人，也得不到任何幫助。就算找到合適的人，我也付不起費用。但是請你不用憂慮，我並不抱怨，我喜歡這種生活。」她有力地下結論。

她繼續說道：「我的腿已經被鋸掉大約五年了，我已經習慣了這種生活，我還可以從輪椅上下來，走出令人鬱悶的屋子。我還經常鼓勵我二十七歲的孫子，要求他每隔兩天來看我一次，每次都要從我這個老太婆的身上得到一份新的熱誠。那份熱誠也時刻鼓舞著孫子，使他也充滿了活力。」

這位年老、熱誠、像火球一樣的婦人偶爾也會沮喪，但會努力地去剋制、克服，保證自己能夠始終保持生活的熱誠。

朋友說：「你的精神感染了我，您為什麼會有如此的熱誠又是如何保持熱誠的呢？畢竟您已經九十歲，而且只有一條腿，每天都需要生活在輪椅上。」

婦人認真地說：「我深知一切話題和興趣，必須有熱誠的支撐才能變得生動，也許這些生動的東西不能直接給你帶來財富，但是我們更為需要的是快樂。因此，我經常閱讀《聖經》，並且相信裡面所說的話，而且我不斷地對自己重複這段話——『我深信，我是擁有生命的，我將擁有更豐富的生命』。你知道嗎？《聖經》並不認為這個諾言不適用於坐在輪椅上、少了一條腿，又是九十歲的人。它只允諾生活豐富的人，因此，我不斷地對自己重複這個諾言，並且過著豐富的生活。我很幸福，因為有很多生動的事情和生動的話題，給予我生動的快樂和生活，而我自己的熱誠也在這種生動中此消彼長地湧現。」

正是因為婦人的熱誠，使得與之談話的朋友覺得他們的話題變得無比生動，自己的內心也充滿了對生活渴望的力量。

而另一位年近古稀的老人的精神狀態卻完全與之相反。他與人談話的聲音甚至有些發抖，並且說：「我不允許任何人來愚弄我。年老真是糟糕，情況一天天惡化，真是悲哀。我現在只想把我這一生早點兒結束，越快越好。」他繼續說：「我以前也充滿了熱誠，就跟年輕人完全一樣。」「你那些熱誠究竟怎麼了？」一個年輕的朋友問他。「我已經是一個離死亡只有幾步之遙的人了，我對任何話題都沒有興趣，你就更不能要求我還有什麼熱誠了。」

這位老人與前面的那位婦人相比，最大的差別就是後者對生活充滿熱誠，而前者則不在任何話題及事情上投注熱誠，他的全部心思都放在了「等待死亡」這一個話題上。

一位九十歲、只有一條腿的婦人能永遠擁有熱誠，而一個六十九歲、兩腿健全的男人卻喪失了熱誠，這兩個事實就證明了一個道理：一個人不管年紀有多大，都可以保持著熱誠。

熱誠是一種積極力量的代表，這種力量不是凝固不變的，而是不穩定的。不同的人，熱誠程度與表達方式不一樣；同一個人，在不同情況下，熱誠程度與表達方式也不一樣。總之，每個人都要保持心靈上的熱誠，否則是不可能給自己帶來生動的人生的。

通用公司要裁員。名單上有內勤部辦公室的艾麗和米蘭達。

第二天上班，艾麗的情緒仍很激動，找同事哭訴：「憑什麼把我裁掉？我做得好好的……」「這對我來說太不公平了！」她聲淚俱下的樣子，讓人心生同情，但大家又不知該怎樣勸慰她。

她只顧到處訴苦申冤，以至於分內工作都耽誤了，該做的工作拖拖拉拉，最後也沒做完。

米蘭達則相反。第二天上班，她和以往一樣地做事。由於大夥不好意思再吩咐她做什麼，她便主動找事做。

她仍然每天非常勤快地打字、影印，隨叫隨到，堅守在她的職位上。

一個月後，艾麗如期領了資遣費離開了，而米蘭達卻被從裁員名單中刪去，留了下來。

主任當眾傳達了老總的話：「米蘭達的職位，誰也無法替代。米蘭達這樣的員工，公司永遠不會嫌多！」

6.

保持熱誠地工作與生活的人，就是最快樂的人

熱誠不只適用於工作，對生活充滿熱誠，安排好自己的工作和娛樂，對兩者都保持熱誠才會成為最快樂的人。

現實生活中，總有這樣一些人：從正面看，他們勤奮、刻苦、上進心強，工作起來不知疲倦，對工作的誠熱程度甚至讓人「望而生畏」；從負面看，他們卻是處於失控狀態的、不願意信任別人的完美主義者——他們就是我們所說的「工作狂」。他們所缺失的正是對生活和對工作的熱誠之間的平衡。對工作充滿熱誠值得提倡，但病態的熱誠往往使人生的快樂缺失，因而不予提倡。

馬克年過三十，總覺得生活不是很如意，對此很困惑。他沒有什麼特別的專長，一直做些不需要學歷的工作，他車開得很好，因此一直在開卡車。但他不喜歡這個工作。他是個虔誠的教徒，不喝酒，也不喜歡同事們整天說髒話。由於他不喜歡跟那些同事喝酒，也不喜歡聽他們說的那些黃色笑話，大家都叫他「小妞」。他看不出自己有什麼前途，只能從一個普通的工作換到另一個普通的工作，馬馬虎虎地混日

子。說到這裡，大多數人都會看出，馬克的毛病出在對生活缺少熱誠，甚至是對自己都缺少熱誠上。

「你為什麼不嘗試自己做些小生意呢？」朋友給他出主意。

「什麼生意能讓我去做呢？一沒學歷，二沒資歷，三沒經歷。」他沮喪地說。

「那你平時沒事的時候都做什麼？」朋友疑惑地問。

「沒什麼特別的，偶爾到花園裡弄上兩下。」說話間，他從書房窗戶望出去，看著朋友的花園。

朋友靈機一動：「你可以專門從事為別人整理花園的小生意，開個小店面什麼的？」他起初並沒有什麼反應，但在朋友繼續說他一天可以整理三個這麼大的花園，而且可以自己當老闆後，馬克的眼睛開始發亮了。

朋友又說他唯一要花點兒資本的是買電動剪草機、耙子、鏟子這類工具，而且他已經有了大部分工具。但是馬克還是拐彎抹角地談到他的宗教信仰，朋友說：「上帝創造世界，你整理這個世界，會覺得和上帝更親近。」馬克若有所思，他的熱情開始逐漸地增加。他知道他只需要在報紙上登個小廣告，甚至只需利用空閒的時間去整理花園，直到這方面的收入足夠養家以後再放棄開車。朋友對馬克說：「其實這個工作也沒有什麼前途可言，但是一旦生命中充滿熱誠，以後就一定會有所不同了。」

沒多久，馬克開始了整理花園的小生意。他做得有聲有色，他的客戶又把他介紹給朋友，不久之後，排隊等他去整理花園的客戶可以列出一張名單來，他這還只是剛開始而已。現在他利用晚上去學習園藝學，希望以後成為園藝設計師。馬克現在對生活的理解是：「輝煌的成功並不是自己最終的目的，最重要的是充滿熱誠地完成超越自我的一段段黃金之旅，唯有對生活和工作保持雙重的熱情才會成為快樂的人。」

每個人都要清楚地明白我們是在創造全新的生活，因此無論是工作還是生活都必須充滿熱誠，方能獲得快樂。

隨著社會競爭的日益白熱化，更多的人們將全部的熱誠傾注到了工作上，因而造成了對生活熱誠的缺失，對娛樂傾注的熱誠更是不夠。其實，工作的事情經常是由不得我們自己控制的，所以，有時也要用一種平常心來對待吧。所謂平常心，應該是「不以物喜，不以物悲」，用平靜的心情來做好每一項工作，有條不紊地按時完成一件又一件艱鉅任務，不要被突如其來的工作嚇倒，不要有浮躁的心理，要時刻保持一種好心情、好心態，盡量協調好工作與生活。

有一個人想學醫，可是一直猶豫不決，於是就跑去問他的一個朋友：「再過四年，我就四十四歲了，能行嗎？」朋友對他說：「怎麼不行呢？你不學醫，再過四年也是四十四歲啊！」

他想了想，瞬間領悟了，第二天就馬上去學校報了名。

擁有熱誠的心，去做自己想做的事，這是不會受年齡所約束的。

第九章
用堅定的行動，進入菁英的行列

POINT⑨ 思考

只要行動起來，你必然會接觸到一些事情，獲得新的認識，並觸動頭腦中的靈感。這有助於你形成新的想法。只要行動起來，你必然會接觸到一些相關的人，聽到一些有用的資訊和建議，運氣好的話，還會遇到某個樂意幫你解決問題的人。只要行動起來，你將發現，許多似乎很難解決的問題，遠遠沒有當初想像的那麼難。

堅定地行動起來吧！向那些走在你前面的人學習，盡力超越自己，進而超越週遭的人，向著自己的目標邁進！

1.

行動，是追求成功的突破口

傑克·威爾遜給青年人的忠告：如果你有一個夢想，或者決定做一件事，那麼，就立刻行動起來。如果你只想不做，是不會有所收穫的。要知道，一百次心動不如一次行動。

在生活中至少存在兩種類型的人：一是天天沉浸於幻想中，看不到一點兒行動的痕跡；二是善於把想法落實到計劃中，成為一個勇於行動的人。你是哪一類人？憑你自己的經歷，你已經找到了答案。

有人說，心想事成。這句話本身沒有錯，但是很多人只把想法停留在空想的世界中，而不落實到具體的行動中，因此常常是竹籃子打水——一場空。當然，也有一些人是想得多做得少，這種人只比那些純粹的「心動專家」要強一些，要好一些。因為行動是一個勇於改變自我、拯救自我的標誌，是一個人能力有多大的證明。光心想，光會說，都是虛的，不能得到一點兒實際的東西。美國著名成功學大師馬克．傑佛遜說：「一次行動足以顯示一個人的弱點和優點是什麼，能夠及時提醒此人找到人生的突破口。」毫無疑問，那些成大事者都是勤於行動和巧妙行動的大師。在人生的道路上，我們需要的是：用實際行動來證明自己和兌現曾經心動過的金點子！

立刻行動起來，不要有任何的耽擱。要知道世界上所有的計畫都不能幫助你成功，要想實現理想，就得趕快行動起來。成功者的路有千條萬條，但是行動卻是每一個成功者的必經之路，也是一條捷徑。

一位僑居海外的華裔大富翁，小時候家裡很窮，一次在放學回家的路上，他忍不住問媽媽：「別的小朋友都有汽車接送，為什麼我們總是走回家？」媽媽無可奈何地說：「我們家窮！」「為什麼我們家窮呢？」媽媽告訴他：「孩子，你爺爺的父親，本是個窮書生，十幾年寒窗苦讀，終於考取了狀元，官達二品，富甲一方。哪知你爺爺遊手好閒，貪圖享樂，不思進取，坐吃山空，一生中不曾努力做過什麼，因此家道敗落。你父親生長在時局動盪的戰亂年代，總是感嘆生不逢時，想從軍又怕打仗，想經商時又錯失良機，就這樣一事無成，抱憾而終。臨終前他留下一句話——『大魚吃小魚，快魚吃慢魚。』」

「孩子，家族的振興就靠你了，做事情想到了、看準了就得行動起來，搶在別人前面，努力地做了才會有成功。」

他牢記媽媽的話，以十畝田和三間老房子為本錢，進入今天《財富》華人富翁排名榜前五名。他在自傳的扉頁上寫下這樣一句話：「想到了，就是發現了商機，就要行動起來，不懈努力，成功僅在於領先別人半步。」

哈里說：「取得成功的唯一途徑就是『立刻行動』，努力工作，並且對自己的目標深信不疑。世上並沒有什麼神奇的魔法可以將你一舉推上成功之路。你必須要有理想和信心，遇到艱難險阻必須設法克服它。」一旦你堅定了信念，就要在接下來的二十四小時裡趕緊行動起來。這會使你前行的車輪運轉起來，並創造你所需要的動力。

一位演講家曾經說過：說空話只能導致你一事無成，要養成行動大於言論的習慣，那麼即使是很艱難、很巨大的目標也能夠實現。

如果你不想成為一個空想家，更不想一事無成，請記住：一百次心動不如一次行動。

有一個人一直想到中國旅遊，於是訂了一個旅行計劃。他花了幾個月閱讀能找到的各種數據——中國的藝術、歷史、哲學、文化。他研究了中國各省地圖，訂了飛機票，並制定了詳細的日程表。他標出要去觀光的每一個地點，每個小時去哪裡都定好了。

這人有個朋友知道他翹首以待這次旅遊。在他預定回國的日子之後幾天，這位朋友到他家做客，問他：「中國怎麼樣？」這人回答：「我想，中國是不錯的，可我沒去。」這位朋友大惑不解：「什麼！你花了那麼多時間做準備，出什麼事了？」「我是喜歡訂旅行計劃，但我不願去飛機場，受不了。所以待在家沒去。」

2.

▶觀察走在你前面的人，看看他為何領先

瑞士有句古話：「傻瓜從聰明人那兒什麼也學不到，聰明人卻能從傻瓜那兒學到很多。」反思自己，是不是很多時候就像傻瓜一樣，無法從別人那裡吸收更多的知識？因此，要像個聰明人那樣，觀察走在你前面的人，看看他為何領先，不斷向他們虛心學習。

向那些走在你前面的人學習，你就可以懂得他們懂得的東西，而他們卻未必懂得你所懂得的知識，比較優勢由此產生。幾乎找不出哪位頂尖運動員，能不靠教練指導而有輝煌的成績。也沒有哪位傑出科學家，不曾受過大師的教誨。幾乎每位成功的千萬富翁，背後都至少有一位導師。

因為一個人的經驗畢竟有限，重要的是透過向更多的人學習，接受多數人的影響，獲得多方面的培養。也就是說，透過與人交往，從多數人的體驗中學習。特別是行走職場，即使你貴為名校高材生，也要向前輩學習各種自己從未經歷過的經驗。

一些研究機構對名校畢業生的追蹤調查顯示，經驗有時會更重要。加拿大蒙特羅市麥吉爾大學管理學教授追蹤

一九九零年從哈佛商學院畢業的十九位優等生的表現，結果發現其中十人完全失敗，另外四人至少有問題，只有五人表現不錯。綜合自己的調查數據分析他得出這樣的結論：職場中工作經驗要比名校的背景更為重要。

還有一項對MBA（企業管理）學位含金量的調查研究。調查者，利奇曼，一九九七年畢業於哈佛大學商學院；調查目的，MBA 企管學位，尤其是常春藤盟校的學位，在現實世界是否真像大家所想像的那麼吃得開。為得到答案，利奇曼決定追蹤他一夥哈佛同學的生活，與他們談對個人及職業的期望，然後每五年重訪他們，直到二零二六年。

利奇曼說：「我希望知道學生如何做有關職業生涯和領導的決定，也希望知道他們如何界定成功。」哈佛大學商學院副教授莫妮卡．希金斯是他這項計劃的顧問。MBA 學位的價值到底如何，人們對此沒有共識。紐約佩斯大學魯賓商學院二零零六年的一項研究分析了在紐約證交所上市的四百八十二家公司，發現只有一百六十二家公司的執行長獲有 MBA 學位。具有名校 MBA 學位的執行者，表現並不比一般學校的畢業生更優秀。

以上結果，在一定程度上說明瞭經驗的重要性，不要總以「出身」優勢自居，要抱著虛心學習的態度不斷向走在你前面的人學習，能學習才能進步，才能豐富。縱觀那些創業成功的企業家，無一不是積極吸取別人的優秀之處來豐富自己的能手。他們有很多學習的親身經歷和經驗，分析歸類，大概有以下方面：

1.走出去學習。	珍惜到其他公司學習的機會，悉心觀摩老板的經營長處。
2.與精明能幹的人為伍。	與精明能幹的員工共事，有助於自己能力的提升。
3.與閱歷較深的人接觸。	他們身上往往有你缺乏的各種經驗，多與這類「過來人」學習，可以分享他們的點子和心得體會。
4.與不同行業的人交朋友。	不同行業的人是你極佳的學習對象，多與他們聯繫交往，可獲得一些新信息或新機會。
5.多與專家、顧問接觸。	學習自己不懂的更高層次的知識，拓寬自己的眼界和思路。
6.與下屬聊天。	越是職位低的員工，越是具有其長處和知識，因此，聆聽下屬的心聲，可以學到自己不熟悉的知識。
7.堅持潛移默化的學習。	時常出外走動，與顧客、員工、專家等多聊聊，因為與經驗豐富或才華橫溢的人相處，你會發現大有裨益。
8.傾聽服務對象的意見。	服務對象的意見最能夠使自己發現不足和錯誤，從而取得大的進步。

其實每個人若想有所成就都必須擬定一個學習對象作為自己的導師，引導自己不斷學習，完善自己。也許有人會說喜歡靠自己打拚，摸著石頭過河。當然，成功有兩條路：一個是自己埋頭苦幹，自己學習、總結、實踐，再總結，再實踐；一個是向已經成功的人學習，借鑑他們的成功經驗，縮短自己的摸索時間。

哪一條路更容易達到目標？也許擁有「世界第一行銷大師」頭銜的賴茲給出了答案：「很少有人能單憑一己之力，迅速名利雙收；真正成功的騎師，通常都是因為他騎的是最好的馬，才能成為常勝將軍。」

3.

忙碌能把事情做好，鬆懈會讓人更呆板

很多人都有這樣的感覺：工作生活越忙碌就越有幹勁，越有生氣，越有想法，事情也會越做越好，而鬆懈呆板就只能投機取巧，往往把事情搞砸，自己也很難進步。

做每件事情都是有目標的，通常也都是有時間限制的。在規定的時間內達到同一個目標，忙碌的人只能是做更多的事情，事無鉅細，工作越細緻，出差錯的可能越小，照顧的面越周全。而那些忙碌不起來的人，就不能很充分地完成任務，最終採取投機取巧的辦法掩人耳目。

其實，工作忙碌有時是對自己人生負責的表現。只有忙碌的人才能把事情做得更好，逐步提升自己，實現自己的目標，並在這一過程中體會做事的快樂。能夠傾盡全力工作的人常常會感到精力充沛，長久保持年輕。因為人若到了忙得不可開交時，就覺得生命充實、有意義。當忙碌的一天結束時，心中就有一種「今天工作得很不錯」的滿足感和成就感。而那些喜歡投機取巧和偷懶的人，會感到畏難苟安、毫無生氣，如同行將就木的老人一樣，他們絕不會說出這樣的

話：「如果我用盡心力忙了一天，到了下班後，我依然覺得興奮，連一杯苦澀的咖啡，我也會高高興興地喝。」

巴裡特憑藉自己的努力和每天忙碌的工作一步一步贏得了老闆的信賴。現在，老闆非常賞識他，他成了老闆的「親信」。不久，巴裡特就被提拔為銷售部經理，薪資一下子翻了兩倍，還有了自己的專用汽車。

起初，巴裡特還是像以前一樣忙碌，堅持將事情做到更好。沒多久，很多不和諧的聲音出現了。「你怎麼這麼傻啊？」不斷有人這樣對他說，「你現在已經是經理了，再說老闆並不會檢查你所做的每一件事情，你做得再好，他也不知道啊。」在多次聽到別人說他「傻」的話後，巴裡特變得「聰明」了。他學會了投機取巧，學會了察言觀色和想方設法迎合老闆。他不再把心思放在每天忙碌的工作上，而是放在揣摩老闆的意圖上。如果他認為某件事情老闆要過問，他就會用心將它做好；如果他認為某件事情老闆不會多管，他就草草地去做，甚至根本就不做。久而久之，老闆發現以前那個忙碌、勤勉的巴裡特不見了，於是毫不留情地將現在這個「聰明」的巴裡特辭退了。

雖然老闆的精力有限，他不可能看到每個員工的每次工作和表現。但是，如果你養成了忙碌工作的習慣，把每一件事都做好，就可以保證老闆所看到的都是完美的。到時，老闆自然會把你該得到的職位和報酬給你。但遺憾的是，巴裡特沒有做到這一點。更為遺憾的是，很多職場人士都做不到這一點，投機取巧已經成為現代企業的一大痼疾，許多很有發展潛力的人也因沾染這種習氣而被埋沒。

有人對男女各有一百一十位的年輕人的工作狀態進行調查，結果顯示：工作忙碌並使其身心愉快者，男有九十一人，女有八十九人；工作忙碌就覺得無趣者，男有十九人，女有二十一人。

由此可見，大部分人對於工作的忙碌，都覺得有幹勁，有生氣。所以，工作忙得不可開交，就是讓你覺得自己有幹勁、有活力、有自信的最好方法。而投機取巧也許能讓你獲得一時的便利，但卻在心靈中埋下隱患，從長遠來看，是有百害而無一利的。

一個農民家裡有一頭老黃牛和一隻騾子，它們每天不停地工作。一天，騾子裝病，農夫給它弄來新鮮的乾草和穀物。等老黃牛耕種回來，騾子詢問田地裡的情況如何。「沒有以前耕種得多。」老黃牛回答道。騾子又問：「主人有沒有說我什麼？」「沒聽見提到你。」黃牛答道。

第一天嘗到了甜頭，騾子決定第二天繼續裝病。當老黃牛從田地裡回來時，騾子問道：「今天怎麼樣？」「還不錯，我認為。」老黃牛答道，「但耕種得還不是太多。」騾子又問道：「主人說我什麼沒有？」「什麼也沒有對我說。」老黃牛說，「但是主人跟屠夫商量了好長時間。」

騾子的命運可想而知了。現實生活中的我們一定要做個忙碌的人，以此來展現自己的價值。

4.

▶優柔寡斷的人，即使做了決定也不能貫徹

有兩個來自農場的年輕人懷揣夢想，打算外出謀生路。路上二人相遇，一個買了去紐約的票，一個買了去波士頓的票。他們到了火車站，一打聽才知道，紐約人很冷漠，指個路都想收錢。波士頓人特別質樸，見了露宿街頭的人會特別同情。這時，去紐約的人猶豫起來：還是波士頓好，賺不到錢也餓不死，幸虧車還沒有到，不然真掉進了火坑。去波士頓的人心想：還是紐約好，給人帶路都能賺錢，幸虧還沒上車，不然就失去了致富的機會了，得趕快起身去紐約。最後，兩人交換了車票，「波士頓」去了紐約，而「紐約」去了波士頓。

去了波士頓的達到了自己的目的，因為這裡很不錯。他初到那裡的一個月，什麼都沒做，大商場裡有「歡迎品嘗」的點心可以白吃。去紐約的人發現，紐約到處都可以發財。只要想點兒辦法，再花點兒力氣，就可以衣食無憂。憑著鄉下人對泥土的感情和認識，第二天，他在建築工地裝了十包含有沙子和樹葉的土，以「花盆土」的名義，向不見泥土

而又愛花的紐約人兜售。當天，他在城郊往返六次，淨賺了五十美元。一年後，他擁有了自己的小店。

雖然有了自己的小店，事業已經有了很大進步，但是他沒有滿足，還是在不斷尋求具有更大發展潛力的商機。在常年的走街串巷中，他又有了一個新的發現：一些商店樓面亮麗而招牌較黑，一打聽才知道這是清洗公司只負責洗樓不負責洗招牌的結果。他立即抓住這一機會，買了人字梯、水桶和抹布，辦起一家清洗公司，專門負責擦洗招牌。如今，這位曾經想去波士頓的商人，已經擁有了上百人的公司，業務遍及幾大城市。

一次，他在波士頓的街頭，見到一個乞討者，兩人都覺面熟，認出對方後，又頗為感慨，因為五年前，他們曾換過一次火車票，沒想到就此交換了彼此的未來。

當第一個人對是否進入紐約這個城市猶豫不決時，第二個人已經果斷做出向紐約出發的決定。兩張車票帶來兩種人生，不同的性格決定了不同的命運。

許多人經常處於惶惶不可終日的狀態之中，他們每天不是擔心工作，就是擔心家庭，簡直是沒有一件事不擔心的。這樣的結果，就是做任何決定，都優柔寡斷，不知取捨。一個人優柔寡斷，實際上是因為他對所擁有的東西太在乎，信心不足，進取心又不強。

現實生活中，行動的快與慢，是決定成功的關鍵。快速的行動是對積極心態的實踐。如果只有積極的心態而沒有積極的行動，那麼積極的心態也只能止於心態，不會有任何效果和成績。

優柔寡斷的人，就像一個貪婪而不自量力的傢伙，顯得可愛而又愚蠢，可恨而又可憐。他必須要將「人生就是有得必有失」的道理，明確展現在他的具體行動上。人的精力是有限的，不可能在每一個方面都做到最好。而最明智的方法就是不要優柔寡斷，要快速做出決定。

無論做什麼事都要堅持果斷迅速地採取行動，而不能優柔寡斷、猶豫不決。特別是在競爭激烈、人才濟濟的職場，每一個機會都是千載難逢、稍縱即逝的，你的優柔寡斷會將機會送給那些果斷堅決的人，因此，做個果斷堅決的職場人吧！

兩個獵人是好朋友，在相約一起去打獵的路上，天空飛過一隻大雁，兩人馬上拉弓搭箭，準備獵殺大雁。這時獵人甲突然說：「喂，我們射下來後該怎麼吃？是煮了吃，還是蒸了吃？」獵人乙說：「當然是煮了吃。」獵人甲不同意，說還是蒸了吃好。兩個人爭來爭去，雖然明知彼此建議的優缺點，但還是做不了決定，意見一直無法達成一致。終於，前面來了一個砍柴的村夫，於是兩個人徵詢村夫的意見，村夫聽完說：「這個很好辦，一半拿來煮，一半拿來蒸，不就可以了。」兩個獵人感覺這個主意不錯，決定就這麼辦。當他們再次拉弓搭箭，大雁早已不知蹤影了。

這兩個獵人最大的問題在於議而不決、拖沓等待，也就是犯了優柔寡斷的毛病。在如何吃的問題上，花了太多時間和精力，最終失去了獵殺大雁的最佳時機。沒有了獵殺的過程，當然就沒有了怎麼吃的結果；沒有快速的行動，當然就沒有最後的成功。

5.

每次你多做一些，別人跟你的差距就大一些

一個不能把心思用到工作上的人，永遠只是個小角色；一個用力去工作的人，只能說他還稱職；而只有用心去工作的人才能達到優秀。這裡所說的「用心」，不僅是要把心思全部放在工作上，而且還要積極主動地去思考，去創造。任何公司、企業都需要用心工作的人，而這樣的人也能備受企業的青睞。

用心工作、主動工作才能在同等條件下比其他同事做更多的事，你做得多，別人做得就少，那麼你得到的就多，他人得到的就少。具有認真、主動工作的態度，才能成為老闆最喜歡的員工，這也是像老闆一樣對待自己工作的必然要求。

一項來自著名的貝爾實驗室的調查發現，優秀員工與普通員工的一個主要區別就是是否具備主動性。在工作中，我們不難發現：優秀員工往往願意接受新任務而不惜獨自承擔一些風險，他們在做好分內工作的同時也會關注工作以外的事務，他們一旦認準了自己的目標就能夠堅持去完成它，在能力允許的情況下，他們樂意為同事提供幫助。

安迪和亨利的職場經歷告訴我們：主動做事是為自己累積有形和無形財富的重要方式。安迪和亨利同時進入一家公司時，都是沒有經驗的工程師。整整半年時間，經理安排他們早上聽課，下午完成工作任務，希望他們在半年時間裡完成與公司的磨合。接下來的時間裡，安迪與亨利不言而喻地成為競爭對手。每天下午，只要上司沒有特殊指示，安迪都會把自己關進辦公室裡，閱讀技術檔案，學習一些日後工作中可能用得著的軟體程式。當有的同事暫時請他幫會兒忙，都會被他拒絕：「對不起，這不是我的工作，你的工作應該靠自己完成。」他心急如焚地想一下子提高自己的專業水準，好在短時間內走到亨利的前面爭取自己的未來。

雖然亨利與安迪的起點相同，但是心態有所不同。亨利覺得一個人到了新的環境，專業能力是一方面，但是學習經驗、融入團隊也很重要。於是，在工作上，他就朝著這方面發展，每天下午，他也會花一定的時間看數據，剩下的時間則用在向同事們介紹自己和詢問與他們專案有關的一些問題上了。當同事們遇到問題或忙不過來時，他都主動去提供幫助。當所有辦公室的軟體要更新時，每個員工都不願來做這項瑣碎的工作，也沒有人指定亨利去完成它，但是亨利卻主動承擔下這項工作，這使得他不得不犧牲休息時間來加班。當他在不影響自己工作的同時，終於做完了這項工作時，既沒有得到上司明確的讚賞也沒有得到同事的認可，甚至很多同事都把他當作廉價勞動力。但是，亨利在這項工作中不但很快熟悉了公司的業務，而且人際關係也得到了良好的拓展。

很快，半年過去了，安迪和亨利都很出色地完成了經理安排的任務。經理在他們的工作敘述中寫道：「從技術上說，這兩個新人都很出色，安迪還稍顯優勢；但從綜合能力上看，亨利則明顯勝出一籌。」亨利已經透過自己的努力贏得了公司上下的認可。

這件事以後，安迪百思不得其解：為什麼大家更為接納的是亨利而不是自己？自己的業務水準更高呀。此時，經理也適時地找他談話：「企業是一個整體，需要員工有好的專業能力還要有團隊精神，亨利在這方面無疑做得很好，他是一個有主動性的員工，能夠承擔自己工作以外的責任，願意承擔一些個人風險，而這些都是你所忽略的。」

聽完經理的話，安迪似有所悟，但他還是不服氣：做一個獨行者有什麼不好，能夠堅持自己的想法或專案並能夠很好地完成它難道不重要嗎？沒人要求我收集最新的技術數據或學習最新的軟體工具，但我做到了，這難道不是主動嗎？安迪想：我要用業績說話，因為我的目標是做亨利的上級。

轉眼一年過去了，結果再次讓安迪失望了。亨利憑藉他的積極主動完成了上司交辦的各項任務被升為主管，而業績同樣優秀的安迪卻與升職失之交臂。安迪終於明白了：企業需要的優秀員工要有主動性，但主動性不僅僅表現在使自己的工作更出色，更意味著做更多的事情，使更多的人受益，從而使公司獲利。從此以後，安迪開始改變自己，盡可能多地去做事，為自己積攢了更多的人氣、經驗和更強的能力，一年後，安迪憑藉自己的聰明能幹，一年後創造了很多佳績，最終得到提升。

在職場中多做事，絕對不是呆子、傻子的做法，恰恰相反，這是一個人高智商的表現，你做得越多，學得越多，別人做得越少，不如你的就越多。從某個角度上說，做得少的人是將自己的無形資產毫無條件地轉讓給了別人。而那些只會耍小心眼、小聰明，絕不多做一點兒分外的事的人，永遠不能成長為職場上的巨人。

你做得越多，學得越多，別人做得越少，不如你的就越多，從某個角度上說，做得少的人是將自己的無形資產毫無條件地轉讓給了別人。

國家圖書館出版品預行編目資料

在哈佛精進，九大法則塑造菁英：從常春藤大學領略的職場生存與發展策略 / 張昱豐 著 . -- 第一版 . -- 臺北市：財經錢線文化事業有限公司，2024.02
面；　公分
POD 版
ISBN 978-957-680-751-0(平裝)
1.CST: 職場成功法 2.CST: 自我實現
494.35　　113000600

在哈佛精進，九大法則塑造菁英：從常春藤大學領略的職場生存與發展策略

作　　者：張昱豐
發 行 人：黃振庭
出 版 者：財經錢線文化事業有限公司
發 行 者：財經錢線文化事業有限公司
E-mail：sonbookservice@gmail.com
粉 絲 頁：https://www.facebook.com/sonbookss/
網　　址：https://sonbook.net/
地　　址：台北市中正區重慶南路一段六十一號八樓 815 室
Rm. 815, 8F., No.61, Sec. 1, Chongqing S. Rd., Zhongzheng Dist., Taipei City 100, Taiwan
電　　話：(02) 2370-3310　　傳　　真：(02) 2388-1990
印　　刷：京峯數位服務有限公司
律師顧問：廣華律師事務所 張珮琦律師

定　　價：299 元
發行日期：2024 年 02 月第一版
◎本書以 POD 印製